Umwelt und Verkehr Band 3

Herausgegeben von der Dr. Joachim und Hanna Schmidt Stiftung für Umwelt und Verkehr, D-Ilsede

Dr. Paschen von Flotow
Prof. Dr. Ulrich Steger
Herausgeber

Die Brennstoffzelle – Ende des Verbrennungsmotors?

Automobilhersteller und Stakeholder im Dialog

Verlag Paul Haupt
Bern · Stuttgart · Wien

Paschen von Flotow, Dr., Jahrgang 1961, seit 1998 Geschäftsführender Vorsitzender des Instituts für Ökologie und Unternehmensführung an der EUROPEAN BUSINESS SCHOOL e.V.; 1992–1998 Leitung Strategische Planung Umwelt und Verkehr und Produktmanager in einem internationalen Konzern; u.a. Gründungspräsident und Beirat von oikos -umweltökonomische Studenteninitiative an der Universität St. Gallen. Studium der Philosophie und Volkswirtschaftslehre an den Universitäten Freiburg, Köln und St. Gallen. 1987–1989 wissenschaftlicher Assistent von Prof. Dr. Hans Christoph Binswanger, Universität St. Gallen.

Ulrich Steger, Prof. Dr., Jahrgang 1943, 1975 Promotion über mathematische Wachstumstheorie; 1976–1984 Mitglied des Deutschen Bundestages; 1984–1987 Hessischer Minister für Wirtschaft und Technik; seit 1987 Professor an der European Business School; 1991–1993 Mitglied des Markenvorstands Volkswagen AG; u.a. Mitglied des umweltpolitischen Beirates der EU-Kommission; seit 1995 Professor am International Institute for Management Development IMD, Alcan Chair for Environmental Management, in Lausanne, Vorsitzender des Instituts für Ökologie und Unternehmensführung an der EUROPEAN BUSINESS SCHOOL e.V.

Die Deutsche Bibliothek – CIP-Einheitsaufnahme

Die Brennstoffzelle – Ende des Verbrennungsmotors? :
Automobilhersteller und Stakeholder im Dialog /
Paschen von Flotow ; Ulrich Steger, Hrsg. –
Bern ; Stuttgart ; Wien : Haupt, 2000
(Umwelt und Verkehr ; Bd. 3)
ISBN 3-258-06138-6

Dieses Papier ist umweltverträglich, weil chlorfrei hergestellt;
es stammt aus Schweizer Produktion mit entsprechend kurzen Transportwegen
Printed in Switzerland

http://www.haupt.ch

Geleitwort

Das Thema „Auto und Verkehr" wird vielerorts kontrovers diskutiert. Auf dem Wege zu mehr Mobilität müssen deshalb alle Möglichkeiten ausgeschöpft werden, die mit dem steigenden Verkehrsaufkommen wachsenden Umweltbelastungen zu senken.

Der Vorstand der Dr. Joachim und Hanna Schmidt Stiftung für Umwelt und Verkehr wollte daher mit der Tagung „Die Zukunft des Verbrennungsmotors – Brennstoffzelle als Alternative?" in Frankfurt/Main eine Plattorm bieten, auf der die neuen Wege, die sich durch die Brennstoffzelle ergeben, von den verschiedensten Standpunkten aus erörtert werden konnten. Denn die Brennstoffzellentheorie verlässt langsam die Entwicklungs- und Erprobungsphase und sollte auf dem Wege zur praktischen Anwendung stärker in den Mittelpunkt der öffentlichen Diskussion gestellt werden, um rechtzeitig die ökonomischen, ökologishen und verkehrspolitischen Folgewirkungen zu erkennen.

Die Vorteile der Brennstoffzelle liegen in ihrem hohen Wirkungsgrad und dem Wegfall des umweltbelastenden CO_2-Ausstoßes. Gibt es aber bereits eine Erfolg versprechende Marktperspektive? Hat der gute alte Ottomotor bald ausgedient oder wird das wasserstoffgetriebene Fahrzeug nur ein Exot z. B. im öffentlichen Nahverkehr?

Die **Dr. Joachim und Hanna Schmidt Stiftung für Umwelt und Verkehr** (gegründet von dem Ehepaar Schmidt im Februar 1992 als eine rechtsfähige öffentliche Stiftung des bürgerlichen Rechts) hat sich zum Schwerpunkt gesetzt, Konflikte zwischen der Schaffung, der Erhaltung und dem Ausbau von Verkehrsinfrastrukturen und den Erfordernissen zur Erhaltung einer intakten Natur darzustellen und im Sinne einer umweltgerechten Verkehrspolitik zu wirken.

Die Entwicklung und Förderung neuer Verkehrsstrategien wird ebenso unterstützt wie die Vorstellung neuartiger Lösungsmodelle zur Begrenzung des Umweltschadens durch den Verkehr.

Der vorliegende Band umfasst die Beiträge des am 16. März 1999 abgehaltenen Workshops „Die Zukunft des Verbrennungsmotors – Brennstoffzelle als Alternative?". Ziel war es, in einem Gespräch zwischen Herstellern, Umwelt- und Verkehrsverbänden, Anwendern und Fachbehörden zu erörtern, ob und inwiefern dieser neue alternative Antrieb tatsächlich einen Beitrag zur Verbesserung der Umweltverträglichkeit des Verkehrs leisten kann. Die mit diesem Buch vorliegenden Beiträge erweitern in fruchtbarer Weise die spannende Auseinandersetzung über die Brennstoffzelle und vermitteln wichtige Impulse für die weitere Diskussion und Forschung.

Mein Dank gilt dem Geschäftsführer der Dr. Joachim und Hanna Schmidt Stiftung für Umwelt und Verkehr, Herrn Dieter Schüler, dem Vorstandsmitglied Herrn Prof. Dr. Ulrich Steger und seinem Institut für Ökologie und Unternehmensführung für die Durchführung des Workshops und die Betreuung dieser Veröffentlichung.

Ilsede, im September 1999

Peter Holm

(Vorstandsmitglied der Dr. Joachim und Hanna Schmidt Stiftung für Umwelt und Verkehr)

Inhaltsverzeichnis

Einleitung und Zielsetzung

Technischer Entwicklungsstand und Marktperspektiven – Brennstoffzelle im Vergleich zum Verbrennungsmotor

Auto und Umwelt - Kriterien für alternative Antriebe aus Sicht von Politik und Gesellschaft

Einsatz der Brennstoffzelle im ÖPNV

Resümee

Paschen von Flotow, Ulrich Steger

Institut für Ökologie und Unternehmensführung

Einleitung und Zielsetzung

Bis vor einiger Zeit waren die Rollen in der Diskussion um Verkehr und Umwelt noch einigermaßen klar verteilt: Auf der einen Seite standen die „Bösen“ in Gestalt der Automobilkonzerne, die ein genuin umweltschädliches Produkt herstellen und nur durch drastische gesetzliche Maßnahmen dazu gebracht werden können, die Emissionen der Fahrzeuge zu reduzieren. Die Seite der „Guten“ bildeten die Umweltverbände, vertreten etwa durch Greenpeace und den BUND, die das Verhalten und die Produkte der Automobilindustrie kritisierten und versuchten, Alternativen zum Automobil selbst oder zum Automobil in der gewohnten Form zu entwickeln und aufzuzeigen.

Diese einfache Rollenaufteilung funktioniert mittlerweile nicht mehr. Zu deutlich ist, dass das Auto sich in absehbarer Zeit kaum substituieren lässt. So hat Greenpeace z.B. ein Konzeptfahrzeug entwickelt, das weitere Potentiale zur Verbrauchssenkung aufzeigen will. Greenpeace positioniert sich damit eher als Innovationstreiber denn als prinzipieller Autogegner. Die Fortschritte, die in der Entwicklung der Brennstoffzelle in den letzten Jahren erzielt worden sind, sind ein weiterer Grund dafür, dass die Fronten in der Auseinandersetzung unschärfer geworden sind.

Obwohl seit langem bekannt, schien die Marktreife der Brennstoffzelle vor nicht allzu langer Zeit in weiter Ferne zu liegen. Dies hat sich inzwischen geändert: Viele Hersteller haben ihre Entwicklungsanstrengungen verstärkt, z.T. bereits für die kommenden Jahre Serienfahrzeuge mit Brennstoffzellenantrieb angekündigt. Damit arbeiten die Automobilhersteller intensiv an einem Antrieb, der möglicherweise mit viel geringeren Umweltbelastungen verbunden ist, ja sogar ein Fahrzeug ohne Emissionen in den Bereich des Möglichen kommen lässt, ohne dass dabei Einbußen beim Kundennutzen in Kauf genommen werden müssen. Die Umweltverbände auf der anderen Seite stehen dieser Innovation – die doch auf den ersten Blick positiv zu sein scheint – mit Skepsis gegenüber und betonen stärker die noch vorhandenen Potentiale an Verbrauchsreduktion bei konventionellen Fahrzeugen.

Automobilhersteller und Umweltverbände: Damit sind nur zwei Akteure genannt, von deren Entscheidungen die Durchsetzung (oder auch der Stopp) der Brennstoffzelle abhängt. Gleichermaßen wichtig sind die Politik, die durch Entscheidungen über Forschungsförderung, Infrastruktur sowie Umweltschutz die Rahmenbedingungen für den Durchbruch einer Technologie schafft; die Kunden, die den neuen Antrieb akzeptieren und kaufen müssen; die Wissenschaft, die heute mehr denn je technischen Wandel und Innovation kritisch begleitet.

Demnach entscheidet über Erfolg oder Misserfolg dieser – zumindest in der Anwendung – noch jungen Technologie das Zusammenspiel vieler Akteure. Um so wichtiger ist es daher, dass sich die relevanten Akteure frühzeitig verständigen, um sich in ihren Strategien nicht gegenseitig zu behindern, sondern ihre Aktivitäten aufeinander abzustimmen und in einem möglichst großen Konsens einen gesamtwirtschaftlich und gesamtgesellschaftlich sinnvollen Weg zu gehen. Andernfalls scheitert eine neue Technologie – zumindest in ihrer Erstanwendung in Deutschland. Der „Transrapid“ ist nur eines von vielen Beispielen. Einen solchen Dialog in der Frühphase der Einführung einer neuen Technik zu führen, ist insbesondere deshalb sinnvoll, weil zum gegenwärtigen Zeitpunkt noch relativ wenig „Fakten“ geschaffen worden sind, die für die weitere Entwicklung normative Kraft gewinnen könnten. Vielmehr ist noch vieles offen und bedarf der gesellschaftlichen Debatte, an der alle relevanten Akteure und Anspruchsgruppen teilnehmen.

Diesen Dialog zu initiieren und dabei die wesentlichen Themenfelder der Diskussion um die Brennstoffzelle aufzuzeigen, war das Ziel der Tagung „Die Zukunft des Verbrennungsmotors – Brennstoffzelle als Alternative?“ und soll durch die vorliegende Veröffentlichung weitergeführt werden.

Die folgenden Aufsätze stellen die überarbeiteten Beiträge dar, die von den Teilnehmern auf der Tagung vorgetragen und zur Diskussion gestellt wurden. Sie lassen sich in drei Themenblöcke gliedern:

Im ersten Teil des Buches (*Technischer Entwicklungsstand und Marktperspektiven – Brennstoffzelle im Vergleich zum Verbrennungsmotor*) stellen fünf Vertreter der Automobilindustrie ihre Strategien zur Entwicklung und zum Einsatz der Brennstoffzelle vor. Dabei wird deutlich, dass die einzelnen Konzerne sehr unterschiedliche Vorgehensweisen verfolgen und auch innerhalb der Branche keineswegs Einigkeit über den einzuschlagenden Weg herrscht.

Im zweiten Teil (*Auto und Umwelt – Kriterien für alternative Antriebe aus Sicht von Politik und Gesellschaft*) kommen wichtige Stakeholder zu Wort, die für die Akzeptanz und die Durchsetzung der Brennstoffzelle eine wichtige Rolle spielen: die Autofahrer selbst, hier vertreten durch den ADAC; die Umweltverbände (Greenpeace und BUND), die die Weichenstellungen in der Verkehrspolitik sehr genau verfolgen; staatliche Behörden, in diesem Falle das Umweltbundesamt, das bereits eine Ökobilanz zum Brennstoffzellenfahrzeug vorgelegt hat und schließlich ein wissenschaftliches Forschungsinstitut (das Wuppertal-Institut), das sich mit den Einsatzmöglichkeiten der Brennstoffzelle im Verkehr beschäftigt hat.

Ein wichtiges Einsatzgebiet für Brennstoffzellenfahrzeuge könnte der öffentliche Personennahverkehr werden. Deshalb werden im dritten Teil (*Einsatz der Brennstoffzelle im ÖPNV*) die Vertreter der Hamburger Hochbahn und der Berliner Verkehrsbetriebe die Einsatzmöglichkeiten der Brennstoffzelle im Personenverkehr erörtern.

In den Diskussionen, die sich an die Vorträge anschlossen, waren die folgenden Themen zentral, über die auch noch kein Konsens erzielt werden konnte:

- Was ist der Nutzen der Brennstoffzelle für den Kunden, für die Umwelt (Emissionen), für die Nachhaltigkeit (Ressourcennutzung)?
- Wie entwickelt sich die Wirtschaftlichkeit, wenn Brennstoffzellen in Serie gehen? Ist Transport wirklich die „ungeeignetste Anwendung"?
- Welche Rolle spielt der Verbraucher/Kunde bei der Markteinführung (als exemplarisches Verhalten für mehr Nachhaltigkeit generell)? Welche neuen Mobilitätsmuster akzeptiert er? Wäre ein Brennstoffzellen-Antrieb ein Beitrag für ein „nachhaltiges Auto"?
- Wie gestaltet sich das Zusammenspiel von Industrie, Staat und Verbraucher bei der Einführung der Brennstoffzelle? Welche Rahmenbedingungen muss der Staat neu setzen, wer übernimmt und finanziert den Aufbau der neuen Infrastruktur?

Diese Diskussion und die wichtigsten Positionen werden in einem abschließenden Resümee (*Die Brennstoffzelle – Stand und Perspektiven der Debatte*) ausführlicher dargestellt und einige Konsequenzen für die künftige Diskussion abgeleitet.

Wir hoffen, mit diesem Buch einen wichtigen Beitrag zur Klärung der wesentlichsten Standpunkte zur Brennstoffzelle leisten zu können. Zugleich soll verdeutlicht werden, an welchen Stellen noch offene Fragen sowie Forschungs- und Diskussionsbedarf bestehen.

Unser Dank geht an die Dr. Joachim und Hanna Schmidt Stiftung für Umwelt und Verkehr für die Finanzierung der Tagung und des vorliegenden Buches, an die Autoren für Ihre Beiträge und an die Teilnehmer der Tagung für Ihre interessanten und wichtigen Diskussionsbeiträge. Ebenso danken wir Herrn Tobias Belz und Herrn Johannes Schmidt vom Institut für Ökologie und Unternehmensführung (IÖU) für die Mitwirkung an dem Buch. Last but not least geht unser besonderer Dank an Frau Bettina Schwarzhaupt (IÖU), die die Tagungsorganisation übernommen und das Buch redaktionell betreut hat.

Oestrich-Winkel, 30. September 1999

Die Herausgeber

Technischer Entwicklungsstand und Marktperspektiven – Brennstoffzelle im Vergleich zum Verbrennungsmotor

---

Johannes Ebner

DaimlerChrysler AG

Brennstoffzellenfahrzeuge – ein Schritt in die automobile Zukunft

Einleitung

Die Automobilindustrie hat mit ihren Produkten wesentlich zu den positiven Elementen heutiger Lebensform wie Mobilität, Wohlstand und Individualität beigetragen. Recht kontrovers sind aber die Diskussionen um die negativen Folgewirkungen.

Kein Unternehmen kann sich auf Dauer der öffentlichen Kritik entgegenstellen. Um Lösungen bemüht, wurden die Emissionswerte bei Verbrennungsmotoren in den vergangenen zwanzig Jahren um mehr als 90 % herabgesetzt. Der Kraftstoffverbrauch sank - bei den verwendeten Werkstoffen wurde ein hoher Recyclinggrad erreicht. In den Produktionsprozessen wurden Wasser-, Öl-, Betriebsmittel- und Abfallkreisläufe eingeführt, die beispielhaft sind für andere Industriezweige. Im gleichen Zuge wurden die Emissionen von Produktionsanlagen drastisch reduziert. Es wurde an alternativen Fahrzeug-, Antriebs- und Kraftstoffkonzepten gearbeitet. Gas-, Wasserstoff-, Alkohol-, Methanol- und Biodieselfahrzeuge wurden vorgestellt; Elektrofahrzeuge entwickelt und produziert. Keines dieser Konzepte fand trotz positiver Ansätze die Marktakzeptanz. Nachteile in Funktionalität, Nutzen und Kosten verhinderten dies.

Je ausgereifter konventionelle Fahrzeuge sind, um so höher ist der Aufwand für weitere Verbesserungen. Die Suche nach neuen Lösungen zielt auf einen „Durchbruch", d.h. auf einen völlig neuen Ansatz, der prinzipbedingt Potentiale bietet, um die vielschichtigen Forderungen an den Ressourcenverbrauch, an die Emissionsentwicklung und an die natürlichen Kreislaufprozesse zu erfüllen.

Die Brennstoffzellentechnik bietet das Potential, mit den heutigen Antriebstechniken hinsichtlich Umweltverträglichkeit, Kundennutzen, Lebensdauerkosten und Wirtschaftlichkeit gleichzuziehen und sie langfristig sogar zu übertreffen.

Seit vor bald zehn Jahren Daimler-Benz und Ballard Power Systems ein gemeinsames Forschungs- und Entwicklungsprogramm für die PEM-Brennstoffzellen-Anwendung im automobilen Bereich begannen, konnten deutliche Fortschritte erzielt werden. Heute verfolgen fast alle großen Automobilunternehmen mit hohem Engagement die Brennstoffzelle als mögliche Alternative zum Verbrennungsmotor und als vielversprechenden Ansatz, der die Chance für einen Evolutionssprung bietet.

Die PEM-Brennstoffzelle

In einer Brennstoffzelle reagieren Wasserstoff und Sauerstoff in einer kontrollierten, „kalten" Verbrennung zu Wasserdampf, wobei elektrische Energie mit hohem Wirkungsgrad und ohne Schadstoff-Emissionen – Zero Emission – erzeugt wird. Dabei hat sich das Prinzip der Proton-Exchange-Membran (PEM)-Brennstoffzelle als die beste Lösung für mobile Anwendungen erwiesen.

Die PEM ist eine Spezialfolie, die den Elektrolyten darstellt und zugleich die beiden Gase Wasserstoff und Sauerstoff voneinander trennt. Durch Katalysatormaterial wird der Wasserstoff ionisiert. Die positiven Wasserstoff-Ionen, d.h. die Protonen, wandern durch die Membran, während die Elektronen zurückbleiben. Auf der anderen Seite der Membran reagiert das Wasserstoff-Ion mit dem Luftsauerstoff. Der Elektronenüberschuss auf der Wasserstoffseite der Membran und der Elektronenmangel auf der Sauerstoffseite erzeugen ein Potentialgefälle, ein elektrischer Strom kann durch einen äußeren Stromkreis fließen.

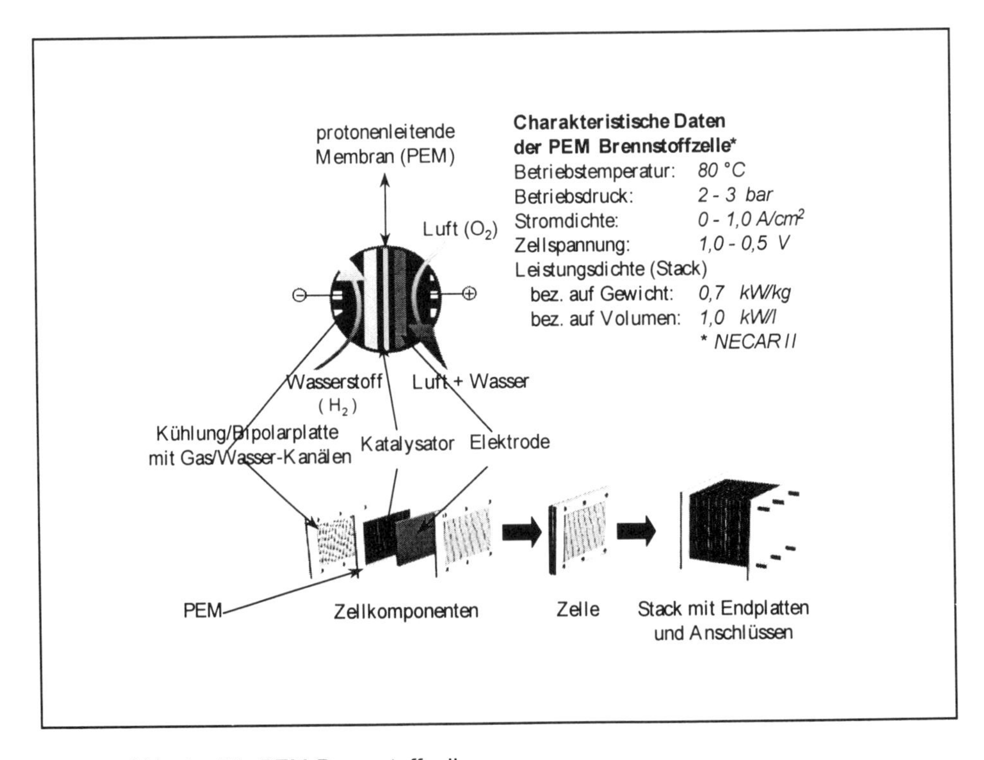

Abb. 1: Die PEM-Brennstoffzelle
(Quelle: DaimlerChrysler AG)

Die PEM ist eine wenige Zehntel Millimeter dicke Polymerfolie, die auf beiden Seiten mit Platin und gasdurchlässigen Elektroden beschichtet ist. Diese Einheit wird MEA (Membrane Electrode Assembly) genannt. Die Bipolarplatten, die den

Wasserstoff und die Luft dem Katalysatormaterial durch labyrinthähnliche Kanäle zuführen, umschließen die einzelnen Zellen nach beiden Seiten. Desweiteren dienen diese wassergekühlten Platten der Wärmeabfuhr und der elektrischen Verbindung zu den benachbarten Zellen. Durch Reihenschaltung vieler solcher Zellen entsteht ein Stack, der die notwendige Spannung für den Fahrzeugbetrieb sicherstellt.

Brennstoffzellen-Elektrofahrzeuge

Seit 1991 wird bei der Daimler-Benz-Forschung am Brennstoffzellen-Elektrofahrzeug NECAR (New Electric Car) gearbeitet. 1994 wurde mit NECAR I die generelle Machbarkeit und prinzipielle Eignung der PEM-Brennstoffzelle für Fahrzeugantriebe nachgewiesen. Zwischenzeitlich wurden Leistungsdichte und Funktion des Brennstoffzellen-Antriebes kontinuierlich verbessert.

Im März 1998 sind die ersten drei Nahverkehrsbusse in Chicago in die Kundenerprobung gegangen, drei weitere folgten im Verlauf des Jahres in Vancouver/Kanada.

Abb. 2: Brennstoffzellen – Nahverkehrsbus NEBUS
(Quelle: DaimlerChrysler AG)

Diese Busse werden ebenso wie die europäische Variante NEBUS (vorgestellt 1997) mit Wasserstoff betrieben, der sich in Druckgasbehältern auf dem Dach der Fahrzeuge befindet. Die gespeicherte Wasserstoffmenge reicht aus für Fahrstrecken von 250 bis 350 km, der Tagesfahrleistung von Stadtbussen.

Neben den Busprojekten wurden von Daimler-Benz weitere Pkws mit Brennstoffzellen-Systemen vorgestellt. Beim NECAR I handelte es sich um einen MB-Transporter, mit dem erstmals ein 50 KW PEM-Brennstoffzellensystem auf die Straße kam. Dieses Fahrzeug war ein „rollendes Labor". Das System wog rund 800 kg und füllte den gesamten Laderaum aus. Zwei Jahre später wurde durch einen neuen kompakten Hochleistungsstack eine Großraumlimousine möglich, dem NECAR II. Mit einer Tankfüllung Wasserstoff hat das Fahrzeug eine Reichweite von rund 320 km. Der Wirkungsgrad (vom Tank zum Rad) wurde bei der Rollenprüfstandsmessungen mit 28,8 Prozent gemessen. Für vergleichbare Fahrzeuge mit Dieselmotor lassen sich Wirkungsgrade von ca. 24 Prozent erzielen.

Neben diesen wasserstoffbetriebenen Fahrzeugen wurde 1997 in Frankfurt erstmals ein besonderes Brennstoffzellen-Elektrofahrzeug vorgestellt.

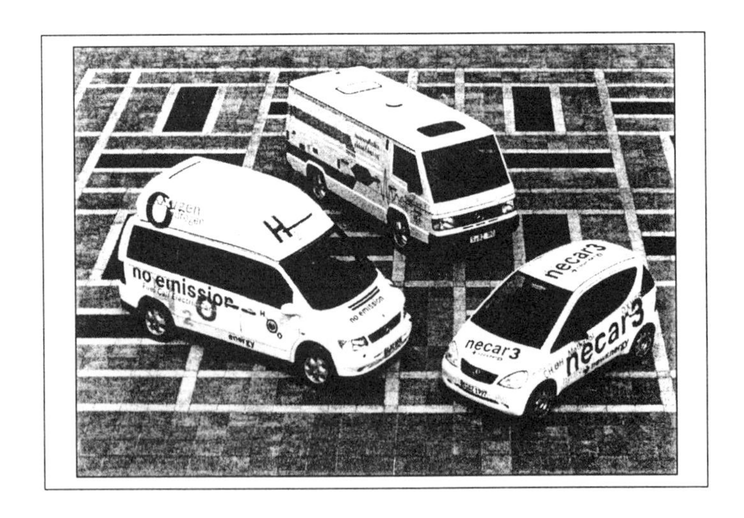

Abb. 3: Die Brennstoffzellen-Elektro-Fahrzeuge NECAR I, NECAR II, NECAR 3 (Quelle: DaimlerChrysler AG)

Für Individualfahrzeuge ist ein flüssiger Kraftstoff als Energieträger sinnvoller als gasförmiger Wasserstoff, da die Betankung des Fahrzeuges einfacher ist. Auch kann die Verteilung des Kraftstoffes über eine vorhandene Infrastruktur erfolgen, die nur geringfügig modifiziert werden muss. In diesem Fall wird der Wasserstoff für die Brennstoffzelle an Bord des Fahrzeuges aus dem flüssigen Kraftstoff (i.e. Methanol) während der Fahrt hergestellt.

Mit dem Gaserzeugungsystem von NECAR 3 wurde Neuland betreten. Bei diesem Fahrzeug handelt es sich um ein zweisitziges Kompaktfahrzeug. Kofferraum und Fondsitze mussten dem Gaserzeugungssystem weichen. Das Fahrzeug operiert extrem schadstoffarm. Der im Kraftstoff Methanol enthaltene Kohlenstoff wird in Kohlendioxid gewandelt und emittiert. Der Ausstoß ist dabei ca. 30% geringer ist als bei vergleichbaren Verbrennungsmotoren. Der Kohlendioxid-Kreislauf würde sich sogar schließen, wenn Methanol z.B. aus Biomasse gewonnen wird (das freigesetzte Kohlendioxid würde mit dem während des Pflanzenwachstums verbrauchten Kohlendioxids im Gleichgewicht stehen).

Mit dem Prototyp NECAR 4 (New Electric Car) präsentierte DaimlerChrysler im März 1999 in den Vereinigten Staaten ein emissionsfreies Brennstoffzellenauto. Das Fahrzeug basiert auf der A-Klasse von Mercedes-Benz, in der das gesamte Brennstoffzellensystem zur Erzeugung von elektrischem Strom, der das Fahrzeug antreibt, im Fahrzeugboden untergebracht ist. Der 55-kW-Elektromotor bringt es mit einer Tankfüllung flüssigen Wasserstoffs auf eine Reichweite von 450 Kilometern und kommt auf eine Höchstgeschwindigkeit von 145 km/h – und bietet dabei noch Platz für fünf Personen mit Gepäck. Die genannte Reichweite ist ein für Elektrofahrzeuge außergewöhnlicher Wert. Möglich wird die Reichweite durch den hohen Wirkungsgrad des Brennstoffzellensystems und dem hohen Energiegehalt von verflüssigtem Wasserstoff. NECAR 4 wird damit als neuer Meilenstein für alternative Antriebe gesehen, denn die Entwickler steigerten die Leistung der Brennstoffzellen im Vergleich zum Vorgänger um 40 Prozent.

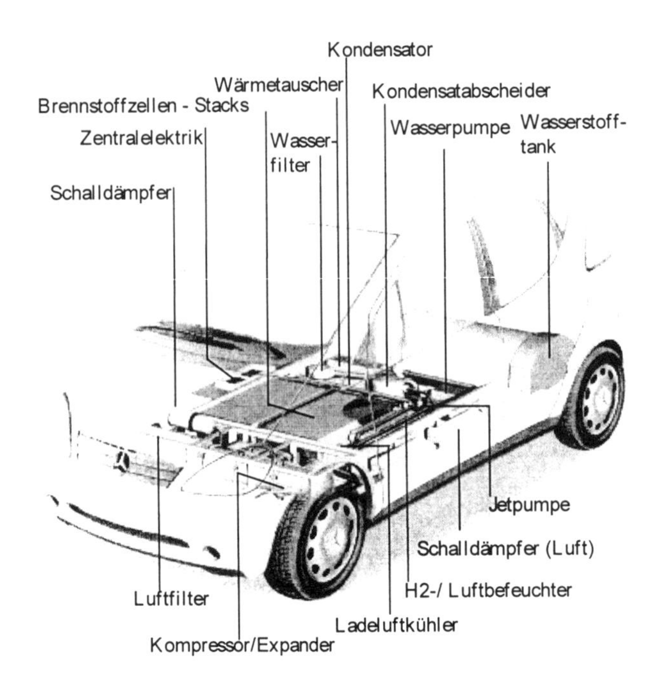

Abb. 4: NECAR 4 mit Flüssigwasserstoff - Brennstoffzellensystem (Quelle: DaimlerChrysler AG)

Bei den verwendeten Komponenten haben die Entwickler darauf geachtet, dass sie sich auch für die Serienproduktion eignen. War bei NECAR II für ein Kilowatt Leistung noch ein Volumen von neun Litern nötig, schrumpfte es bei NECAR 4 um über 30 Prozent auf sechs Liter zusammen. Auch die Masse, bezogen auf ein Kilowatt Leistung, wurde um rund 15 Prozent reduziert.

Das Fahrzeug eignet sich sehr gut für den Flottenverkehr und vor allem für Fuhrparks, die in einem regional begrenzten Gebiet operieren – die Fahrzeuge können regelmäßig zu den gleichen Wasserstofftankstellen zurückkehren.

Die Teams von DaimlerChrysler bereiten sich schon auf die nächste Generation der Brennstoffzellenfahrzeuge vor. Diese wird in der technologischen Nachfolge von NECAR 3 stehen und als Kraftstoff Methanol im Tank haben. Mit den beiden Konzepten Methanol und Wasserstoff verfolgt DaimlerChrysler zwei zukunftsträchtige Optionen für umweltverträgliche Fahrzeuge mit Brennstoffzellenantrieben, die sich an unterschiedliche Kundenanforderungen anpassen lassen.

Von der Forschung zur Serienentwicklung

Aufgrund der erzielten Ergebnisse hat sich Daimler-Benz entschlossen, die Entwicklung der Brennstoffzellentechnologie zur Marktreife als strategisches Unternehmensprojekt zu betreiben. Seit Anfang 1996 wurden erhebliche Mittel bereitgestellt und simultaneous Engineering Teams aus Forschung, Entwicklung, Produktion, Marketing, Einkauf, Betriebswirtschaft, Strategie gebildet, die in enger Zusammenarbeit den Evolutionssprung im Bereich der automobilen Antriebstechnik erarbeiten sollen.

Kundennutzen

Brennstoffzellenfahrzeuge müssen, um akzeptiert zu werden, besseren Kundennutzen bieten als Fahrzeuge mit Verbrennungsmotoren. Die Schadstofffreiheit oder -armut spielt dabei nur eine untergeordnete Rolle, solange die gesetzlich vorgeschriebenen Emissionsgrenzwerte auch von anderen Konzepten erreicht werden.

Verbesserter Kundennutzen würde vor allem höhere Wirtschaftlichkeit und bessere Funktionen bedeuten. Der hohe Wirkungsgrad des Brennstoffzellenantriebes muss gegenüber dem Verbrennungsmotor einen deutlichen Vorteil bei den Betriebskosten bewirken. Weitaus schwieriger wird es sein, bei den Anschaffungskosten mit verbrennungsmotorischen Fahrzeugen zu konkurrieren. Dieses wird nur gelingen, wenn man die gesamte Fahrzeugkonzeption auf den Brennstoffzellenantrieb hin optimiert.

Vorteile gegenüber den verbrennungsmotorischen Fahrzeugen können geringere Anforderungen bzgl. Geräusch-/Schwingungsisolierungen und die Chance einer elektrischen Energieversorgung an Bord eines Fahrzeuges sein, die auch im Stand geräusch- und emissionsfrei betrieben werden kann. Zu nennen wären u.a. Standklimatisierung oder Standkommunikation.

Umsetzbare Marktentwicklungsstrategie

Wasserstoff und Methanol sind die für Brennstoffzellenfahrzeuge am besten geeigneten Kraftstoffe. Das Fehlen einer dazugehörigen Infrastruktur für die Betankung der Fahrzeuge wird gerne als großes Hindernis für eine Markteinführung angesehen. Dieses ist einerseits richtig, andererseits kann es aber auch als eine große Chance angesehen werden. Jeder Staat ist sich der Risiken der Abhängigkeit von Erdöl angesichts der politisch wie auch physisch begrenzten Verfügbarkeit bewusst. Alternative Kraftstoffe wie Wasserstoff, Erdgas und Alkohole werden deshalb in Zukunft eine bedeutsame Rolle spielen. Die Diskussion um die Brennstoffzelle wird daher auch zum Anlass genommen, Szenarien einer alternativen Kraftstoffwirtschaft zu entwickeln und zu prüfen.

Dieses gilt auch für die Kraftstoffindustrie, die das unternehmerisches Interesse hat, langfristige Alternativkonzepte zur Zukunftssicherung zu entwickeln. DaimlerChrysler ist sowohl mit de Politik und der Energiewirtschaft in intensiven Gesprächen, um gemeinsame Markteinführungsstrategien für Brennstoffzellenfahrzeuge zu entwickeln.

Starke Partner

Den Evolutionssprung Brennstoffzelle allein zu bewältigen ist selbst für ein Unternehmen wie DaimlerChrysler schwer. Deshalb wurde von Beginn an eine enge Zusammenarbeit mit starken Partnern angestrebt. Die seit 1991 bestehende Forschungs- und Entwicklungspartnerschaft mit Ballard Power Systems, wurde 1997 in eine Kooperation überführt. 1998 wurde die Kooperation mit Blick auf Massenfertigung und Kostenreduzierung, wie auch zur globalen Lösung der Infrastrukturfrage, um einen weiteren gewichtigen Partner, der Ford Motor Company, erweitert. Der Vertrieb von Brennstoffzellen-Elektro-Antriebssystemen erfolgt weltweit durch die Ballard Automotive.

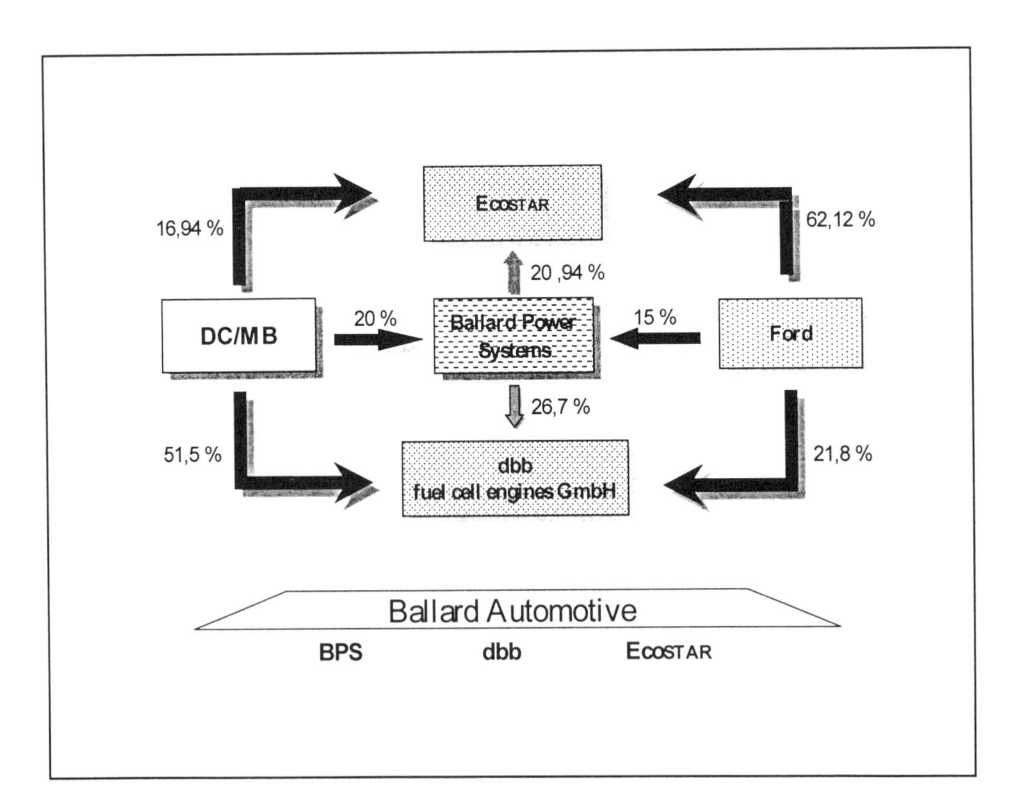

Abb. 5: Beteiligung in der Kooperation
(Quelle: DaimlerChrysler AG)

Die Zusammenarbeit von Fahrzeugherstellern, der Mineralölindustrie und Technologieunternehmen ist von elementarer Wichtigkeit bei der erfolgreichen Einführung der Brennstoffzellentechnologie in die Serienfertigung. Führende Automobilunternehmen agieren in dieser Weise und zeigen damit, dass sie aktiv und in geeigneter unternehmerischer Breite die Zielsetzung verfolgen, mit der Brennstoffzelle für ein dauerhaftes stabiles Zusammenwirken zwischen industriellen, gesellschaftlichen und natürlichen Prozessen zu sorgen.

Zusammenfassung

Eine wettbewerbsfähige Alternative zum Verbrennungsmotor entwickeln zu wollen, ist ein hoher Anspruch. Jedoch zeigt die Evolutionserfahrung, dass eine Technologie nicht auf Dauer dominieren kann. Der Verbrennungsmotor hat bewiesen, dass er immer strenger werdenden Umweltanforderungen gerecht werden kann. Der technische Aufwand hierfür wird aber immer höher, ein typisches Merkmal der Sättigungstendenz in einer technischen Entwicklung.

Die Brennstoffzelle weist Eigenschaften auf, die Chancen für einen Evolutionssprung in der Antriebstechnik erwarten lassen. In der Umsetzung ist es fundamental wichtig, sich nicht allein auf die Zielsetzung der Umweltverträglichkeit zu verlassen. Hohe Umweltverträglichkeit verbunden mit höheren Kosten und geringerem Kundennutzen, wird vom Markt nicht akzeptiert. Höhere Wirtschaftlichkeit und verbesserte Funktionalität führen zur Begeisterung des Kunden und sichern so eine wettbewerbsfähige Position auf dem Weltmarkt.

Martin Geier

BMW AG

Über Erdgas zum Wasserstoff - die BMW Strategie zur Einführung der Wasserstofftechnologie für Pkw-Antriebe

Einleitung

Kraftstoffe auf Erdölbasis haben in den über 100 Jahren der Nutzung weltweit unangefochten die Führungsrolle im Verkehr erlangt. Dies aus einem einzigen Grund: Die bei Umgebungstemperatur in dieser Flüssigkeit gespeicherte Energiemenge übertrifft alle anderen Energieträger bei weitem. Dies ist für den Einsatz für mobile Zwecke eine der wichtigsten Kenngrößen.

In der Diskussion über die Endlichkeit der Ressourcen und die Umweltbelastungen aufgrund der Verbrennung fossiler Energieträger hat das Image dieses bisher optimalen Kraftstoffes jedoch Kratzer bekommen. Und damit beginnt auch für den Straßenverkehr die Suche nach anderen Energieträgern bzw. Antriebsformen, die in der Betrachtung, unter Einbeziehung ökonomischer, ökologischer und Verfügbarkeitsgesichtspunkten, ein Gesamtoptimum darstellen können. Ob es gelingt, einen weiteren Kraftstoff zu etablieren, hängt davon ab, ob sich Fahrzeughersteller, Kraftstoffanbieter und Politik auf einen alternativen Kraftstoff einigen und dieser in einer abgestimmten Vorgehensweise in den Markt eingeführt wird.

Der Maßstab: konventionelle Kraftstoffe

Auch wenn es vor dem Hintergrund der öffentlichen Kritik verwunderlich klingt: Den Maßstab an Kraftstoffen für mobile Anwendungen stellen die Erdölprodukte Benzin und Diesel dar. Diese sind weltweit etabliert und damit praktisch überall verfügbar. In etwa 100 Jahren haben sich Handling und Kundengewohnheiten aufeinander eingespielt. Durch ständige Optimierung sind auch viele der aufgetretenen Probleme gelöst oder sind wenigstens Lösungen in Sicht. Aber vor allem die hohe Energiespeicherdichte erlaubt große Reichweiten bei geringem zu transportierendem Kraftstoffgewicht. Abbildung 1 vergleicht die Reichweiten vergleichbarer Fahrzeuge mit Benzin, verflüssigtem Wasserstoff und mit Hochleistungsbatterie plus Elektroantrieb. Der Bezug auf gleiches Gewicht verdeutlicht das Dilemma im mobilen Einsatz: Straßenverkehrsmittel müssen die für die Fortbewegung notwendige Energie stets mit sich tragen.

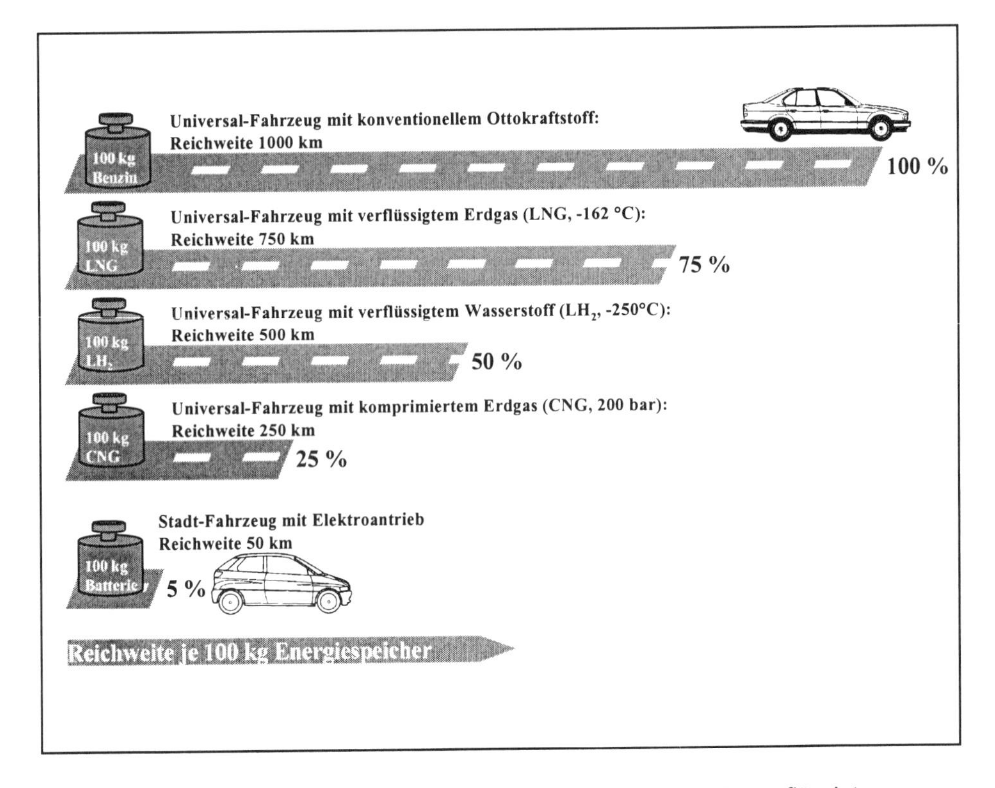

Abb. 1: Reichweiten vergleichbarer Fahrzeuge mit Benzin, verflüssigtem Wasserstoff und mit Hochleistungsbatterie plus Elektroantrieb (Quelle: BMW AG)

Ein Kraftstoff, für den es sich lohnt die immensen Kosten eines Neuaufbaus einer Infrastruktur zu tragen, muss einige wichtige Kriterien erfüllen:

- Er muss in vergleichbaren Mengen wie Benzin herstellbar und global verfügbar sein,
- er darf gegenüber Benzin eine nicht viel niedrigere Energiespeicherdichte besitzen und
- muss in Bezug auf die Umweltverträglichkeit signifikante Vorteile bieten.

Durch Optimierung der Verbrennung im Motor und Abgasnachbehandlung sind die klassischen Abgasemissionen Kohlenmonoxid (CO), Kohlenwasserstoff (HC) und Stickstoffoxid (NO_X) drastisch gesunken. Sie stellen damit in absehbarer Zukunft, und zwar wenn alle Fahrzeuge mit Katalysator ausgerüstet sein werden, in Europa kein nennenswertes Problem mehr da (vgl. Abb. 2). Schlüssel zu dieser Entwicklung war die flächendeckende Einführung von bleifreiem

Benzin als Voraussetzung für Katalysatorautos. Bei den Partikeln sind deutliche Erfolge zu verzeichnen, allerdings noch nicht in der Größe der anderen Komponenten. Der Oxidationskatalysator hat auch hier signifikante Verminderungen der Gesamtemissionen bewirkt.

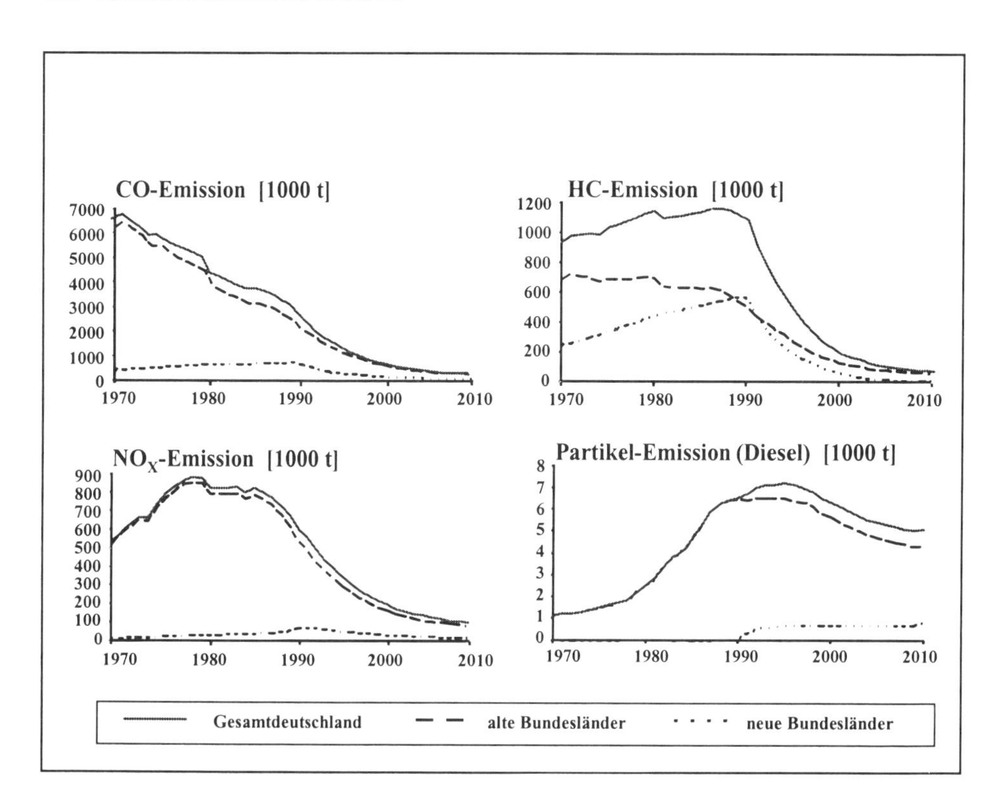

Abb. 2: Entwicklung der PKW-Abgasemissionen in Deutschland 1970 – 2010 (Quelle: BMW AG)

In den Industrienationen rückt der sogenannte „Treibhauseffekt" auf der Prioritätenskala nach oben und damit die Frage nach der Verminderung der Treibhausgasemissionen (u.a. CO_2). Allerdings besteht ein großer Unterschied zwischen den klassischen Abgasemissionen und CO_2-Emissionen. Die limitierten Abgasemissionen können durch chemische Reaktionen in Katalysatoren in für den Menschen ungiftige Substanzen umgewandelt werden. Dabei wird z.B. das hochgiftige Kohlenmonoxid (CO) in das chemisch stabile und ungiftige, aber treibhausrelevante Kohlendioxid (CO_2) oxidiert. Um die CO_2-Emissionen zu reduzieren gibt es nur zwei Möglichkeiten: Die Effizienzsteigerung bei der Nutzung konventioneller oder, da bei der Verbrennung kohlenstoffhaltiger Produkte zwangsläufig CO_2 entsteht, die Wahl kohlenstoffärmerer Energieträger, d.h. die „Entkarbonisierung" der Energieträger. Dies hat in der Vergangenheit auch schon in verschiedenen Sektoren der Energieanwendung stattgefunden: Von Kohle über Erdöl zu Erdgas hat im Hausbrand diese Verlagerung schon stattgefunden.

Da nicht davon auszugehen ist, dass Menschen auf ein so elementares Grundrecht wie die Mobilität (= Freizügigkeit) freiwillig verzichten werden und sie dazu offensichtlich besonders gerne einen Pkw benutzen, stellt sich die Frage, wie trotz steigenden Mobilitätsbedarfs die CO_2-Emissionen langfristig verringert werden können.

In der Vergangenheit war in allen Industrienationen eine enge Verknüpfung von Wirtschafts- und Verkehrsleistung zu beobachten. Damit nahmen auch der Energiebedarf und damit auch die CO_2-Emissionen zu, was aber erst seit Beginn der 90er Jahre als Problem erkannt wurde. Die auch im Verkehrsbereich eingeleiteten Maßnahmen zur Kraftstoffeinsparung zeigen erste Wirkungen: Seit 1992 haben sich die CO_2-Emissionen des Straßenverkehrs auf einem konstanten Niveau stabilisiert (vgl. Abb. 3). Untersucht man den Anstieg im Zeitraum 1985 bis 1992, so finden sich zwei äußere Einflussgrößen, die diesen Anstieg im wesentlichen verursacht haben: Zum einen die Katalysatoreinführung im Pkw und die damit erzwungene Abkehr von sog. „Magermotorkonzepten“, zum anderen der Fall des „Eisernen Vorhanges“ und die Wiedervereinigung, die den freien Warenverkehr nach Osten ermöglichten, mit dem entsprechend steigendem Güterverkehr. Ohne diese Einflüsse hätten die Effizienzsteigerungen in der Fahrzeugtechnik dazu geführt, dass seit 1978 (Erste VDA-Zusage zur Verbrauchsreduzierung) die CO_2-Emissionen konstant geblieben wären. Die zweite Zusage der deutschen Automobilindustrie enthält eine spezifische Reduzierung des Kraftstoffverbrauchs bei Neufahrzeugen von zwei Prozent pro Jahr. Die Wirkungen dieser technischen Maßnahmen, die sich nur auf die Neufahrzeuge beziehen, sind im realen Kraftstoffverbrauch allerdings erst Jahre später zu beobachten – und zwar dann, wenn diese verbrauchsgünstigen Fahrzeuge im Fahrzeugbestand einen signifikanten Anteil erreicht haben und dafür die Altfahrzeuge aus dem Bestand genommen worden sind.

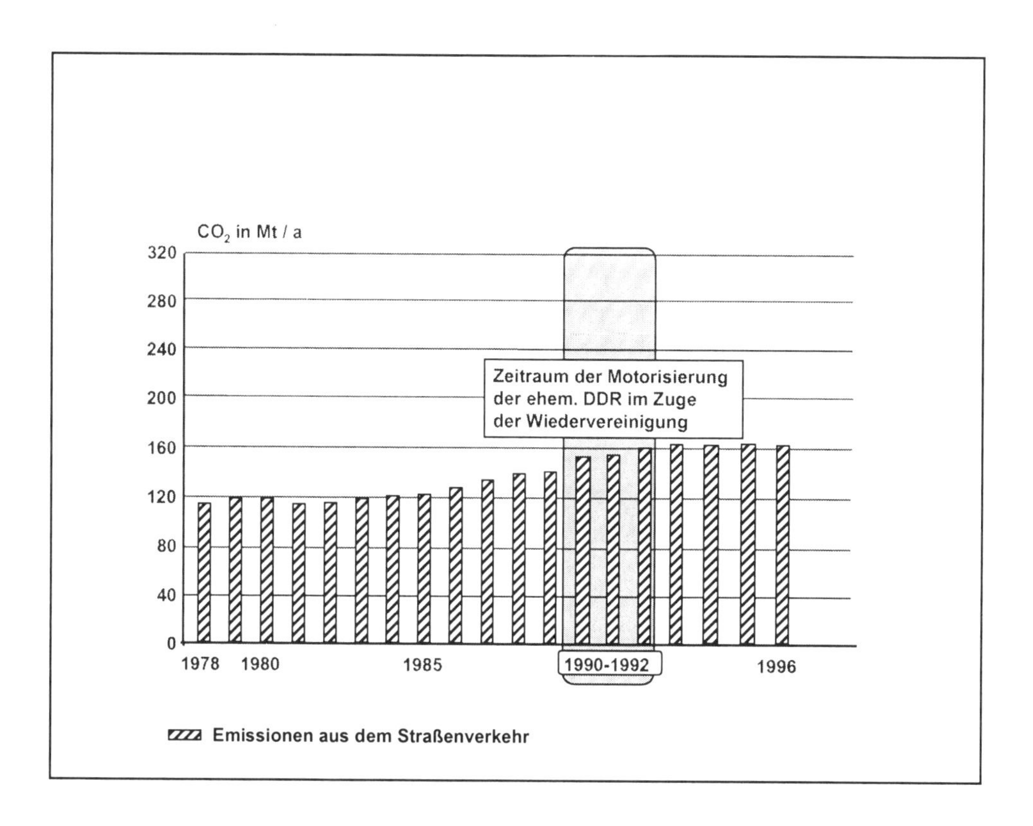

Abb. 3: CO_2-Emissionen in Deutschland – Anteil des Straßenverkehrs (Quellen: Umweltbundesamt, BMW AG)

Wird ein noch größeren Zeithorizont gewählt (vgl. Abb. 4), zeigt sich, dass die Verbrauchsreduzierung für Automobilhersteller nicht erst ein Thema der letzten Jahre ist.

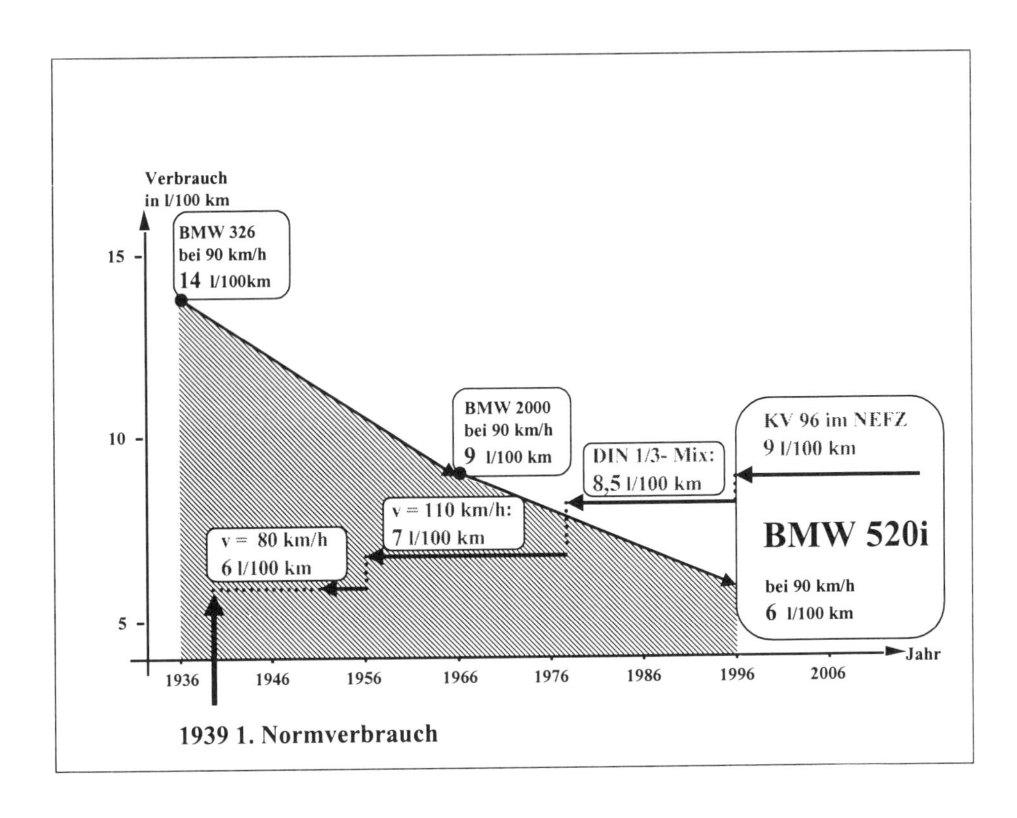

Abb. 4: Entwicklung der Normverbräuche und der Testverfahren (Quelle: BMW AG)

Die Begründung dafür ist einfach: Der Kraftstoffverbrauch begrenzt den Aktionsradius des Fahrers und Tanken bedeutet Aufwand an Zeit und Geld. Gleichzeitig verdeutlicht die Abbildung, dass aufgrund veränderter Testverfahren (z.B. beim Übergang vom „DIN 1/3-Mix" auf „EG-gesamt") höhere Zahlenwerte beim angegebenen Verbrauch auftreten. Das bedeutet nicht, dass das Fahrzeug schlagartig mehr Kraftstoff verbraucht, da es sich bei dem Beispiel um das identische Fahrzeug BMW 520i handelt. Es bedeutet vielmehr, dass die Tests sich immer wieder an den real auftretenden Verkehrsbedingungen orientiert haben, so dass die Normverbrauchsangaben mit den vom Kunden erlebten Verbräuchen zusammenpassen.

Die Alternativen zum Erdöl

Wer sich die Herkunft und Entstehung der Energieträger vor Augen hält, kommt zwangsläufig zu dem Schluss: Alle Energie stammt von der Sonne (vgl. Abb. 5). Stark unterschiedlich sind allerdings die Zeiträume, die bis zur Nutzbarkeit der Energieträger vergehen bzw. vergangen sind. Ziel einer regenerativen Energieversorgung muss es sein, die Sonnenenergie direkt zu nutzen, wenn eine globale Energieversorgung angestrebt wird, da sie rund um die Uhr jederzeit zur Verfügung steht. Entsprechend muss auch über geeignete Energiespeicher nachgedacht werden.

Abb. 5: Die Funktion der Sonne als Energiespender (Quelle: BMW AG)

Ebenso besteht großer Bedarf an einer Definition der Nachhaltigkeit, die verständlich ist und für betriebliche Abläufe angewendet werden kann. Dazu bietet sich ein einfacher Gedankengang an: Wenn die nachfolgende Generation mindestens die gleichen Ressourcen zur Verfügung hat, wie die jetzige, dann ist die Nachhaltigkeit gewährleistet. Alles was diesen Zeitraum von ca. 30 Jahren wesentlich übersteigt, ist demnach nicht nachhaltig. Holz ist zwar ein wiedergewinnbarer, aber nur dann ein „nachhaltiger“ Rohstoff, wenn der Verbrauch die Neuaufforstung nicht übersteigt. Kurz: Nachhaltigkeit ist eine Zeitfrage.

Anhand der chemischen Struktur von fossilen Energieträgern ist einsichtig, dass eine signifikante Reduzierung der CO_2-Emissionen nur über den langfristigen Weg der „Entkarbonisierung" stattfinden kann. Denn je weniger Kohlenstoff ein Energieträger enthält, desto weniger CO_2 kann sich bilden. Unter diesem Aspekt bietet sich Wasserstoff als idealer Energieträger an. Dieser Energieträger enthält keine Kohlenstoffatome, somit sind auch die Emissionen des Verbrennungsprozesses frei von Kohlenstoffverbindungen.

Eine Wasserstoffwirtschaft könnte ein geschlossenes System der Energiegewinnung und -nutzung anbieten. Zunächst müsste dazu der Wasserstoff, z.B. durch Elektrolyse mit Hilfe von regenerativ erzeugtem Strom, aus Wasser gewonnen werden. Bei der Verbrennung von Wasserstoff in Motoren wird der Wasserdampf in den Wasserkreislauf der Erdatmosphäre zurückgeführt.

Damit wäre auch die Gefahr lokal hoher Konzentrationen aus den Abgasen gebannt. Doch für die mobile Nutzung müsste zunächst eine Tankstelleninfrastruktur für Wasserstoff geschaffen werden. Parallel dazu müsste ein akzeptables Angebot an Fahrzeugen am Markt zur Verfügung stehen. Damit die Wasserstofferzeugung nicht mehr Emissionen freisetzt, als hinterher am Fahrzeug wieder eingespart wird, bedarf es der Umstellung der Stromerzeugung auf regenerative Energieträger. Um diese Aufgabe bewältigen zu können, wurde bei BMW eine Energiestrategie entwickelt, die Infrastrukturaufbau und Fahrzeugentwicklung entkoppelt (vgl. Abb. 6): „Über Erdgas zum Wasserstoff".

Erdgas dient dabei als Trittleiter, um vom Erdöl zum Energieträger Wasserstoff zu gelangen. Erdgas besteht zu 80-98 Prozent aus Methan (CH_4) und kommt damit dem „idealen" Kraftstoff - Wasserstoff (H_2) - physikalisch am nächsten. Da Erdgas in großen Mengen und weltweit verteilt vorkommt, erfüllt es zwei der Hauptkriterien: Verfügbarkeit und Emissionsvorteile. Mit Hilfe der Komprimierung auf 200 bar und Speicherung in Drucktanks (CNG) erhält man eine für den Übergang akzeptable Energiespeicherdichte. Durch Verflüssigung auf Temperaturen von -160°C (LNG) sind in etwa die Reichweiten von benzinbetriebenen Fahrzeugen zu erreichen. Mit Erdgas kann kurz- bis mittelfristig, d.h. innerhalb der nächsten Jahrzehnte, der Einstieg in die Gastechnologie im Verkehr realisiert werden, um langfristig auf den unerschöpflichen Energieträger Wasserstoff umzusteigen.

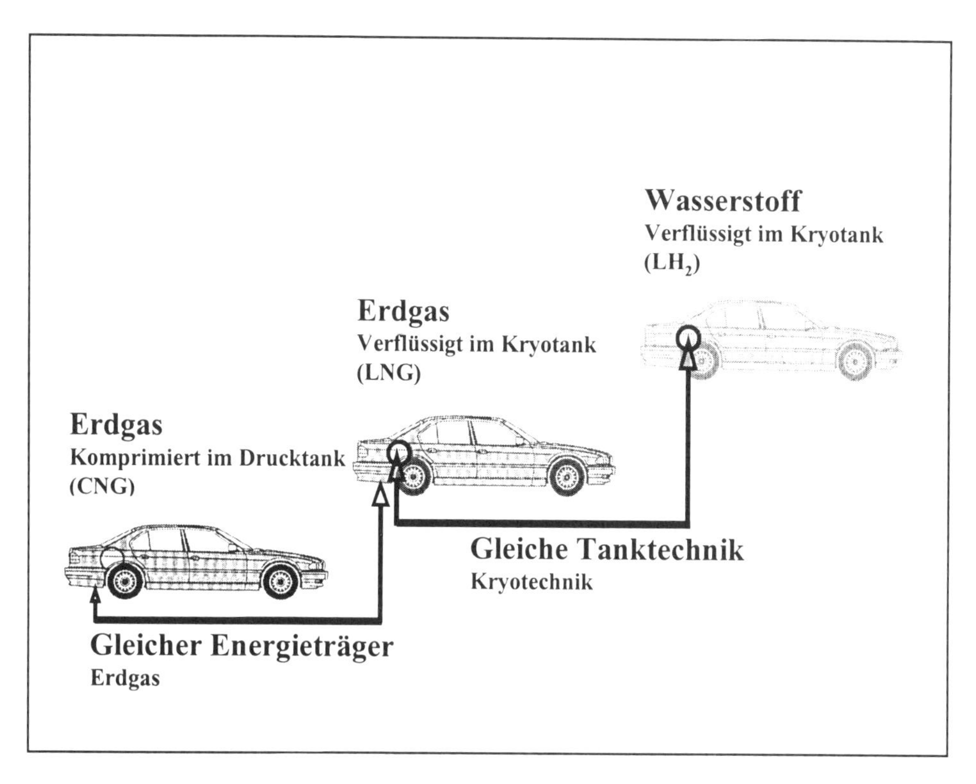

Abb. 6: Über Erdgas zum Wasserstoff – Neue Kraftstoffe im Straßenverkehr (Quelle: BMW AG)

BMW setzt hier auf eine evolutionäre Entwicklung, die in klar definierten Schritten lange Übergangszeiträume gestattet, in der sich auch die neuen Energieträger bewähren können und müssen. Außerdem wurde der Verbrennungsmotor als Antriebsaggregat ausgewählt, um über „bifuel" betreibbare Fahrzeuge einen „weichen" Übergang zu ermöglichen. Dazu wird im ersten Schritt ein konventionelles Fahrzeug noch mit einem zusätzlichen Erdgastank für komprimiertes Erdgas (CNG) ausgestattet, was der ungenügenden Erdgastankstellendichte Rechnung trägt. Beim Übergang auf verflüssigtes Erdgas (LNG) kann die dreifache Reichweite erzielt werden und verfügt mit einem hochisolierten Kryotank bereits über ein auch mit verflüssigtem Wasserstoff (LH_2) betreibbares Fahrzeug. Das gleiche gilt für die Tankstellen, die bei entsprechender Konstruktion ebenfalls ohne weitere Umrüstung „wasserstofftauglich" wären.

Alternative Antriebe in der Praxis

Parallel dazu werden bei BMW auch andere Kraftstoffe untersucht und mit Prototypen getestet. Die wichtigsten Kraftstoffe werden in Abbildung 7 aufgeführt.

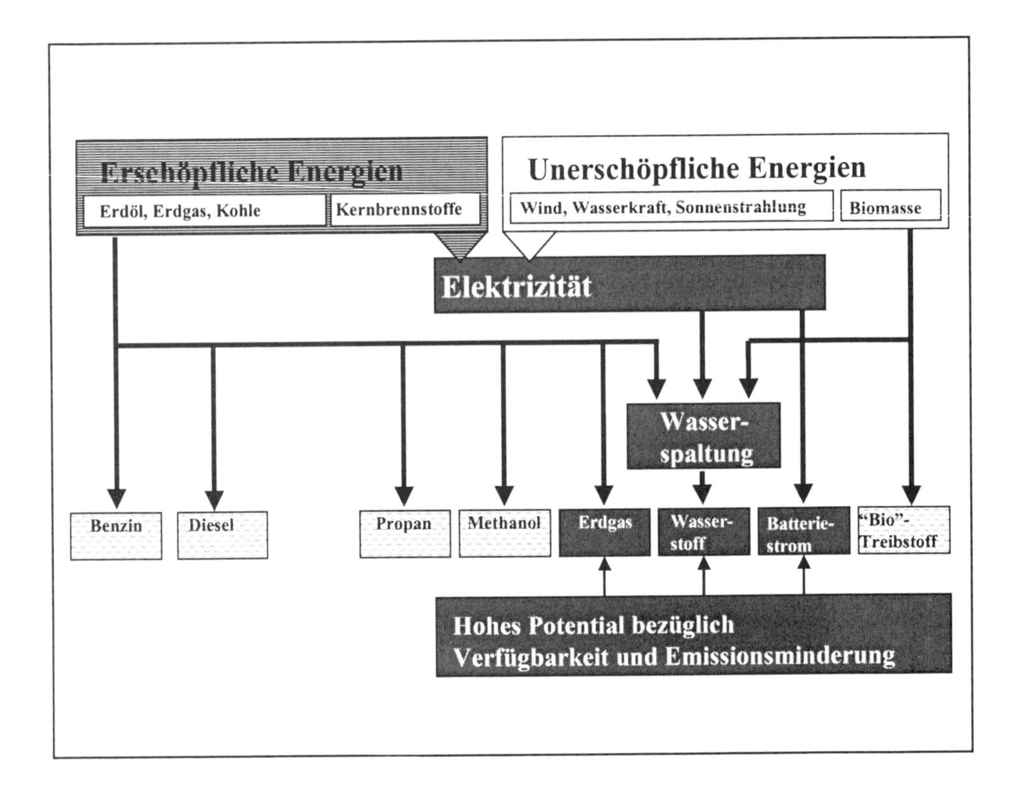

Abb. 7: Energiepfade für morgen (Quelle: BMW AG)

Biokraftstoffe

Biokraftstoffe (Alkohole, Öle) stellen aufgrund der geringen produzierbaren Mengen nur Nischenlösungen dar. Zudem konkurriert die Kraftstoffgewinnung mit der Nahrungsmittelversorgung und kann aufgrund stark schwankender Erträge und Qualität heutzutage keine Substitutionslösung zu Erdöl sein. Abgesehen davon, dass die direkte thermische Verwertung energetisch sinnvoller und die rohstoffliche Verwertung finanziell attraktiver sind als die energieaufwendige Umwandlung in Kraftstoffe. Um auch in dieser Nische ein Angebot bereitzustellen, gibt es bei BMW eine Sonderausstattung für den Betrieb mit RME (Rapsölmethylester). Im Endeffekt werden nur die Überschüsse der Landwirtschaft in den Kraftstoffsektor fließen; und diese sind nur bei höchster Subventionierung wettbewerbsfähig gegenüber dem Dieselkraftstoff.

Elektrofahrzeuge

Elektrofahrzeuge sind mit den bisher verfügbaren Batterien nur als Kurzstrekkenfahrzeuge realisierbar und daher nur für städtische Ballungsräume geeignet. Die grundsätzlichen Vorteile der Elektrofahrzeuge sind die lokale Emissionsfreiheit und die Entkopplung von Energieträgern. Jeder Fortschritt bei der Stromgewinnung wirkt sich sofort auf jeden Fahrzeugkilometer aus. Bis heute stehen jedoch keine bezahlbaren Batterien mit befriedigenden technischen Eigenschaften zur Verfügung. Um eine Reduzierung der Emissionen zu erzielen, lohnt sich die Einführung auch hier nur, wenn regenerative Energien zur Stromerzeugung herangezogen werden. Seit 1972 beschäftigt sich BMW mit dieser Antriebsvariante und hat inzwischen mehrere Fahrzeuggenerationen mit Elektroantrieb aufgebaut.

Erdgasfahrzeuge

Erdgasfahrzeuge bietet BMW als erster europäischer Hersteller seit 1995 serienmäßig mit den Modellen 518g und 316g an. Ihre Alltagstauglichkeit haben die Fahrzeuge inzwischen bewiesen. Neben dem 80 l Erdgasbehälter ist ebenfalls der normale Benzinkraftstofftank des konventionellen Fahrzeugs eingebaut. Sobald der Erdgastank leer ist, schaltet das System automatisch auf die Benzinversorgung um. Der Ausbau des Tankstellennetzes geht langsam aber sicher voran. Erdgasfahrzeuge sind z.Z. die saubersten Antriebe der Welt!

Wasserstoffahrzeuge

Wasserstoffahrzeuge der 4. Generation existieren als fahrbereite Prototypen bei BMW. Viele extreme Sicherheitstests und die kontinuierliche Weiterentwicklung der Tanktechnologie stellen schon jetzt einen hohen Entwicklungsstand sicher, so dass die technischen Probleme als gelöst angesehen werden können. Daher ist es um so dringlicher, mit dem Aufbau der Kraftstoffinfrastruktur zu beginnen, damit diese Fahrzeuge auf den Markt kommen können. Auch diese Fahrzeuge sind zunächst bifuel ausgelegt, d.h. es kann wahlweise mit verflüssigtem Erdgas (LNG) oder mit Benzin gefahren werden bzw. später auch mit verflüssigtem Wasserstoff (LH_2). Ein Wasserstoffauto ist bei entsprechender Auslegung des Motors nahezu „emissionsfrei".

Als interessante Ergänzung zum Wasserstoffantrieb bietet sich die Brennstoffzellenbatterie als einen hervorragenden Stromerzeuger an. Durch den großen Strombedarf im Bordnetz wird dem bisherigen Bleiakkumulator schon jetzt eine hohe Leistung abverlangt; zukünftige Leistungssteigerungen sind mit dieser Technologie kaum noch realisierbar. Da für den Wasserstoffantrieb bereits ein

Wasserstofftank bereitgestellt ist, kann die Brennstoffzelle direkt mit Wasserstoff betrieben werden; aufwendige Umformtechniken mit Hilfe eines Reformers entfallen. Resultat ist eine Kombination der Stärken beider Systeme:

- Günstiges spezifisches Leistungsgewicht (= hohe Leistung bei niedrigem Gewicht),
- hoher Wirkungsgrad bei der Stromerzeugung und
- eine vom Verbrennungsmotor unabhängige Energieversorgung für Anwendungen wie die Standklimatisierung.

Der Weg: Kraftstoffkonsens

Der Umbau der Energieversorgung kann nur dann zielgerichtet erfolgen, wenn die Verantwortlichen aus Kraftstoffindustrie, Fahrzeugindustrie und Politik an einem Strang ziehen. Dazu ist ein Konsens über den zukünftigen Energieträger erforderlich. Zwar deuten die vielfältigen weltweiten Programme und Aktivitäten stark in Richtung Wasserstoff als Energieträger und Solarenergie mit solarthermischen Kraftwerken als großtechnisch realisierbare Energiequelle. Auch der (fossile) Energieträger Erdgas scheint sich als mittelfristige „Zwischenlösung" für die nächsten Jahrzehnte international durchzusetzen. Aber den eigentlichen Durchbruch werden neue Energieträger nur in einer konzertierten Aktion schaffen können, wenn

- ein attraktives Angebot an Fahrzeugen sowie
- eine passable Betankungsinfrastruktur und
- verlässliche politische Rahmenbedingungen für die nächsten Jahrzehnte zur Verfügung steht.

Darum muss die Frage nicht heißen, welche Energieträger *können* sich durchsetzen, sondern welche Energieträger *wollen* wir in unserer Gesellschaft durchsetzen. Dabei muss allen Beteiligten bewusst sein, dass

- die Zukunftslösungen „Alternative Antriebe" noch lange Zeit aus den erwirtschafteten Erträgen konventionell angetriebener Fahrzeuge finanziert werden müssen und
- dass es immer noch eine zu große Diskrepanz zwischen der Forderung nach dem Öko-Auto und dem tatsächlichen Kaufverhalten besteht (Abb. 8).

Abb. 8: Diskrepanz zwischen Umweltbewußtsein und Kaufverhalten (Quelle: BMW AG)

Axel König

Volkswagen AG

Brennstoffzelle als Alternative zum Verbrennungsmotor?

Die zukünftige Entwicklung von Kraftfahrzeugen erfolgt vor dem Hintergrund weiter verschärfter Abgasstandards. Über die Rationalität dieser Diskussion soll hier keine Aussage getroffen werden - es ist einfach ein Faktum. Zusätzlich erfolgt die Entwicklung von Kraftfahrzeugen unter dem Zwang, im Flottenmittelwert geringere Durchschnittsverbräuche zu erzielen. Für Europa hat sich ACEA, die Europäische Vereinigung der Automobilhersteller, verpflichtet, bis zum Jahr 2008 die durchschnittliche CO_2- Emission von gegenwärtig ca. 180 g/km auf 140 g/km zu reduzieren. Dieses ohnehin schwer zu erreichende Ziel wird durch die ab dem Jahr 2005 geltenden Emissionsvorschriften der Stufe EU IV zusätzlich erschwert. Auch in den USA werden die bereits bestehenden strengen Abgasgrenzwerte zukünftig noch weiter verschärft. Eine besondere Rolle spielt Kalifornien, wo zusätzlich zu sich kontinuierlich verringernden generellen Abgasstandards ab dem Jahr 2003 Fahrzeuge mit Nullemission gefordert werden. Auch wenn dies regionale Anforderungen sind, sind diese Regionen als Markt außerordentlich wichtig und haben weiterhin eine gewisse Trendsetter-Funktion. Dies hat sich in der Vergangenheit mehrfach bestätigt.

Die Automobilindustrie muss auf die genannten Tendenzen reagieren. Dies geschieht durch:

- Verstärkten Einsatz besonders energieeffizienter Antriebsaggregate mit Direkteinspritzung (Diesel- und Otto-Motor),
- Entwicklung spezieller Abgasreinigungsverfahren für Motoren mit Direkteinspritzung, insbesondere zur N0x-Umsetzung sowie der
- Entwicklung von Niedrigstemissionskonzepten, speziell für Kalifornien.

Darüber hinaus wird mit hohem Einsatz an Ressourcen verstärkt geprüft, ob nicht alternative Antriebskonzepte wie

- Batterieelektrische Fahrzeuge,
- Hybrid-Fahrzeuge mit Verbrennungsmotor und Batterie sowie
- Brennstoffzellen-Fahrzeuge

konventionelle Fahrzeuge mittelfristig in bestimmten Marktsegmenten und langfristig sogar generell ersetzen können.

Eine besondere Rolle in den Überlegungen bezüglich alternativer Antriebskonzepte spielt die Brennstoffzelle, da sie insbesondere das Potential hat, Niedrigstemissionen mit Verbrauchsverbesserungen zu verbinden. In diesem Beitrag soll verstärkt auf das direkte Umfeld der Brennstoffzelle und nicht so sehr auf ihren bisherigen Entwicklungsstand eingegangen werden.

Allerdings darf nicht außer acht gelassen werden, dass die Kriterien „Verbrauch" und „Emissionen" für den Kunden nicht die einzigen und vielfach nicht die wichtigsten sind, die über die Wahl eines Fahrzeugkonzepts entscheiden. Viel wichtiger scheinen Kriterien des individuellen Kundennutzens zu sein.

Wie sehen also zukünftige Anforderungen an Kraftfahrzeuge aus?

Aktive und passive Sicherheit, Fahrspaß, Wirtschaftlichkeit in Anschaffung und Betrieb, Reichweite und Zuverlässigkeit spielen für eine Kaufentscheidung im allgemeinen eine noch wichtigere Rolle. Letztendlich müssen alternative Antriebe in der Summe ihrer Eigenschaften den heutigen oder zukünftigen konventionellen Fahrzeugen mindestens ebenbürtig sein. Sie dürfen aber auch in keinem Kriterium deutlich gegenüber den heutigen Standards zurückbleiben. Hier hat insbesondere das batterieelektrische Fahrzeug mit seiner begrenzten Reichweite, dem hohen Gewicht und den hohen Batteriekosten Akzeptanzprobleme. Fahrzeuge mit Brennstoffzelle haben dagegen das Potential, eine in allen Nutzungskriterien vollwertige Alternative zu Fahrzeugen mit Verbrennungsmotor zu werden. Voraussetzung ist natürlich, dass die noch bestehenden technischen Probleme des Systems rund um die Brennstoffzelle gelöst werden. Gleichzeitig müssen Systemkosten erreicht werden, die nicht wesentlich von den Kosten heutiger Antriebe abweichen.

Für eine marktgerechte Kostenreduktion des Gesamtsystems müssen für alle Systemkomponenten deutlich kostengünstigere Lösungen gefunden werden. Ein Erreichen von Kostenzielen, die mit heutigen Fahrzeugantrieben vergleichbar sind, würde weiterhin voraussetzen, dass gleichzeitig vergleichbare Stückzahlen produziert und abgesetzt werden. Damit ist aber erst zu rechnen, wenn die Systemkosten entsprechend niedrig sind. Wahrscheinlicher ist deshalb, dass Brennstoffzellenfahrzeuge zuerst in Marktsegmenten ihren praktischen Einsatz finden werden, in denen sie nicht mit konventionellen Fahrzeugen konkurrieren müssen, sondern z.B. mit batterieelektrischen Fahrzeugen oder mit verbrennungsmotorischen Hybridkonzepten. Weiterhin sind Synergien mit anderen Einsatzfeldern für Brennstoffzellen, insbesondere bei kleinen Blockheizkraftwerken, zu erwarten.

Ein weiteres Kriterium, das bei einer Marktumsetzung des Brennstoffzellenbetriebs eine Rolle spielt, ist der eingesetzte Kraftstoff. Die heute fahrzeugtauglichen Brennstoffzellen benötigen als Kraftstoff Wasserstoff - prinzipiell eine ideale Antriebsenergie. Beim Wasserstoff handelt es sich jedoch um keine Primärenergie, daher müssen in einer ganzheitlichen Betrachtung auch vorgelagerte Stufen berücksichtigt werden. Demnach stellt sich die Frage, was sind die Primärenergien und was die Umwandlungswirkungsgrade?

Wasserstoff kann an Bord in komprimierter oder kryogen verflüssigter Form transportiert, oder aus einem wasserstoffhaltigen flüssigen Kraftstoff (beispielsweise Methanol oder ein Kohlenwasserstoffgemisch) mittels eines Reformers erzeugt werden. Wegen seiner schlechten Speicherfähigkeit und der fehlenden Infrastruktur ist Wasserstoff als Kraftstoff derzeit, zumindest für den Einsatz im PKW, nicht attraktiv.

Die einfachste Wasserstofferzeugung durch eine Reformierung an Bord erfolgt aus Methanol. Methanol lässt sich konventionell speichern und ist bei vergleichsweise niedrigen Temperaturen mit hoher Wasserstoffausbeute und ohne Nebenproduktbildung zu spalten. Es ist eine schon weit entwickelte Technologie. Nachteilig sind jedoch auch hier die fehlende Infrastruktur, sowie die energetischen Umwandlungsverluste bei der Methanolherstellung. Aus logistischer Sicht bieten aus Erdöl stammende Kraftstoffe (analog Benzin oder Diesel) die größten Vorteile. Allerdings ist die Reformierung dieser Energieträger wesentlich schwieriger und verlustbehafteter als die von Methanol und daher auch weniger weit entwickelt. Zusätzlich fehlt noch eine Spezifikation, welche erdölstämmigen Kraftstoffe in der Brennstoffzelle eingesetzt werden können, da die im Markt befindlichen konventionellen Kraftstoffe Benzin und Dieselöl nicht optimal geeignet sind. Es ist eine spannende Frage der nächsten Zeit, in welche Richtung die Wahl des Kraftstoffs für die Brennstoffzelle in der Marktumsetzung gehen wird.

Andreas Ostendorf, Wolfgang Hennig

Ford-Werke AG

Perspektive der Brennstoffzelle

Einleitung

Seit einiger Zeit gewinnt die Brennstoffzelle über ihre Bedeutung für Wissenschaft und Industrie hinaus zusehends an öffentlichem Interesse - insbesondere als „high-tech“-Antrieb für Autos und Busse. So scheint es, als habe sich die Brennstoffzelle 150 Jahre nach ihrer Erfindung sukzessiv von einer „Kuriosität“ zu einer Art Hoffnungsträger - nicht zuletzt auch für mehr Umweltschutz - gewandelt. Folgende Abbildung zeigt das Prinzip der (PEM-) Brennstoffzelle.

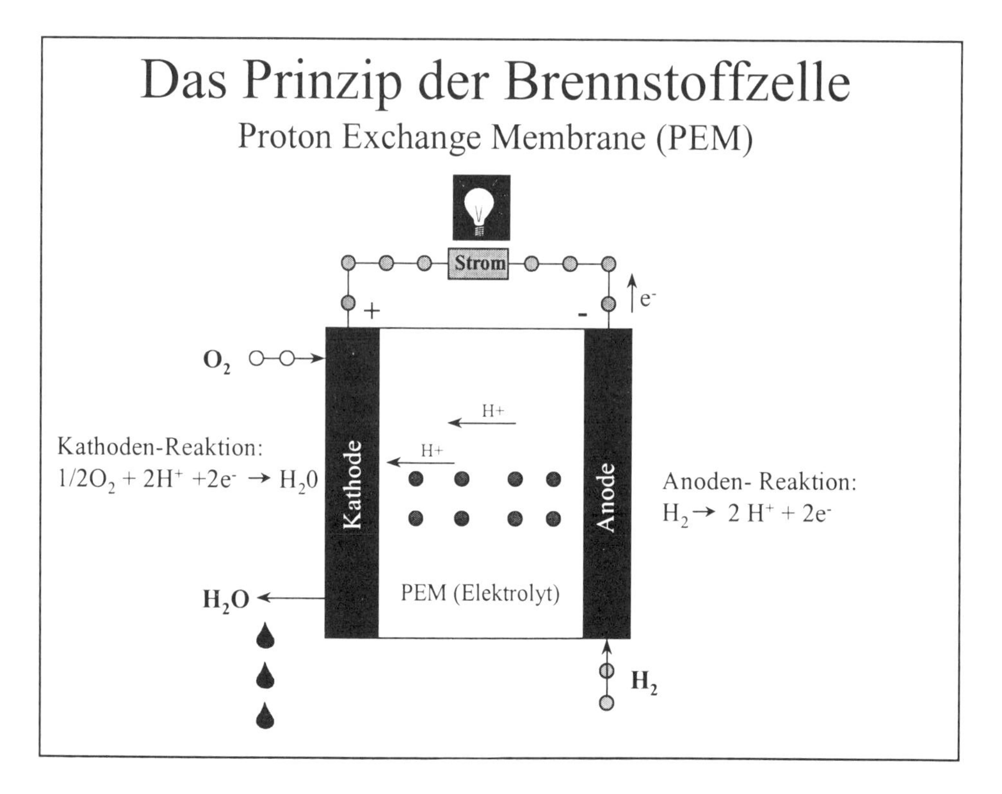

Abb. 1: Das Prinzip der Brennstoffzelle
(Quelle: Ford-Werke AG)

Nach dem Durchbruch der elektrochemischen Systeme in den 60er und 70er Jahren (hauptsächlich für Raumfahrt und Wehrtechnik) folgten verstärkt terrestrische Applikationen, vornehmlich für die stationäre Stromgewinnung und als moderne Blockheizkraftwerke. Eine mobile Anwendung der Brennstoffzelle wurde erst in den 90er Jahren forciert.

Sustainable Mobility und Brennstoffzelle

Mobilität erfüllt vielfache Funktionen innerhalb einer Gesellschaft und für das Individuum. Die zahlreichen wirtschaftlichen, sozialen und psychologisch bedeutsamen Bedürfnisse spiegeln sich in unterschiedlichen Formen der Fortbewegung und des Mobil-Seins. Diese gilt es so umweltverträglich wie möglich zu gestalten und im Sinne einer ressourcenschonenden „nachhaltigen/zukunftsfähigen Mobilität" (Sustainable Mobility) zu entwickeln. Insbesondere ist die Vernetzung der einzelnen optimierten Mobilitäts-Träger zu einem funktions- und leistungsfähigen System eine wesentliche Zukunftsaufgabe.

Vor diesem Hintergrund lässt sich für die Perspektive des Brennstoffzellen-Antriebs eine zugespitzte Frage formulieren: „Welchen Beitrag vermag die Brennstoffzelle für ein zukünftiges Mobilitäts-System oder eine Mobilitäts-Wirtschaft zu spielen?" Diese Abhandlung beleuchtet einige wesentliche Aspekte dieser Frage und sucht nach ersten Antworten.

Brennstoffzellen-Antrieb: „Plus und Minus"

Die Motivationen sich mit Brennstoffzellen zu befassen sind vielfältig. Entscheidend für die Option im mobilen Einsatz sind nicht zuletzt einige Pluspunkte hinsichtlich des Umweltschutzes, welche ein Brennstoffzellen-Antrieb für sich verbuchen kann. Die hieraus erwachsenden denkbaren Beiträge zu einer umweltverträglicheren Mobilität sind nachfolgend stichwortartig aufgelistet.

Pluspunkte im einzelnen:

- Potential für (lokale) Null-Emissions-Fahrzeuge,
- hoher energetischer Wirkungsgrad (Direktverstromung eines Kraftstoffs),
- relativ hohe Reichweite (im Vergleich zum System Batterie/Elektro-Traktion),
- hoher Fahrkomfort und niedriges Geräuschniveau und
- Option zur Nutzung regenerativer Energien (z.B. „Solar-Wasserstoff" oder aus Biomasse gewonnenes Methanol).

Abb. 2: Ford P 2000 als Brennstoffzellen-Fahrzeug
(Quelle: Ford-Werke AG)

Leistungseinheit - Brennstoffzelle

- Typ — Proton Exchange Membrane (PEM)
- Max. Leistung — 100 PS
- Reaktionspartner — Wasserstoff / Luft
- Anzahl der Stacks — 3
- Anzahl der Zellen — 400
- Gewicht — 172 kg
- Max. Betriebstemperatur — 85 °C
- Betriebsdruck — 2 bar

Elektromotor /Antriebsstrang

- Typ — Induktionsmotor
- Max. Leistung — 120 PS
- Max. Drehmoment — 190 Nm
- Max. Wirkungsgrad — 91 %
- Gewicht — 91 kg

Motorsteuerung / Umrichter

- Typ — 3-Phasen Brückenschaltung
- Max. Strom — 280 A
- Min./Max. Spannung — 200 / 385 V
- Nennspannung — 255 V
- Gewicht — 16 kg

Fahrzeug

- Radstand — 2781 mm
- Gesamtlänge — 4747 mm
- Breite — 1755 mm
- Wendekreis — 11,4 m
- Leergewicht — 1514 kg
- Achslastverteilung vorne/hinten — 47/53 %
- Tankinhalt — 1,4 kg Wasserstoff

Fahrleistungen/ Verbrauch

- Beschleunigung - 0 bis 96 km/h — 14.0 s
- Höchstgeschwindigkeit — 145 km/h
- Kraftstoffverbrauch (Benzinäquivalent) — 4,22 l/100 km Stadt; 2,92 l/100 km Landstraße; 3,50 l/100 km Mix (Durchschnittsverbrauch über 3 EPA Zyklen)
- Reichweite — 160 km
- Kohlenwasserstoff-Emissionen — Keine

Abb. 3: Technische Daten des Brennstoffzellen-Fahrzeuges P 2000 HFC (Quelle: Ford-Werke AG)

Bei aller Begeisterung über die Vorzüge der Brennstoffzelle ist jedoch nicht zu verkennen, dass heute noch zahlreiche Fragen hinsichtlich eines entsprechenden Antriebssystems offen sind; diese stellen entweder ingenieurtechnische Herausforderungen dar oder erfordern Innovationen verschiedenster Art - insgesamt alles andere als eine „klare Sache“, für die eine leichte Prognose abzugeben ist. Insbesondere die im folgenden aufgeführten Minuspunkte - ohne diese detailliert bewerten zu wollen – bilden einen berechtigten Gegenpol zu den uneingeschränkten Brennstoffzellen-Befürwortern.

Als Nachteile sind anzuführen:

- Aufwand für Forschung & Entwicklung ist derzeit noch erheblich, z.B. hinsichtlich:
  - Optimierung der einzelnen Systemkomponenten,
  - Erhöhung des System-Wirkungsgrades,
  - gewichts- und volumenoptimierter Kraftstoff-Tank (und ggf. Reformer),
  - Direkt-Methanol- / Multi-Kraftstoff-Brennstoffzelle,
  - Fragen der Wirtschaftlichkeit des Antriebs,
  - Infrastruktur für geeignete Energieträger (z.B. Methanol; Wasserstoff).
- Breite soziale (Kunden-)Akzeptanz ist noch unzureichend geklärt.

Perspektive der Brennstoffzelle

Die Gegenüberstellung der Vor- und Nachteile sowie der gegenwärtigen Herausforderungen führt zu einer vorläufigen Conclusio für die Perspektive der Brennstoffzelle: Es bleibt spannend, ob sich der Brennstoffzellen-Antrieb als möglicher Antrieb der Zukunft technisch qualifizieren kann. Ob er auch seine Kunden finden und sich im Markt behaupten wird, ist eine zusätzliche - vielleicht sogar eine alles entscheidende - Frage, denn: als „Konkurrenten“ befinden sich der Verbrennungsmotor und ein Spektrum anderer alternativer Antriebssysteme auf den Straßen und werden auch in Zukunft die Auto-Mobilität für längere Zeit dominieren. Allein die gewachsene Infrastruktur der Treibstoffe ist eine entscheidende Einflussgröße. Diese konventionellen und alternativen Antriebe bzw. Kraftstoffe (z.B. Erdgas und Flüssiggas) konnten sich teils über viele Jahrzehnte etablieren und damit ihren Markt sichern, so dass sich die Frage nach der Marktnische für „die neue Alternative“ unmittelbar aufdrängt. Dieser äußerst bedeutsame Aspekt lässt sich mit der nachfolgend erläuterten Marketing-Perspektive etwas genauer beleuchten und verdeutlicht einige Kernpunkte.

Markeinführung und Kunden-Akzeptanz

Die Diskussion um das Brennstoffzellen-Auto dreht sich neben der technischen Machbarkeit parallel um die gesellschaftliche und auch politische Willensbildung; dies verdichtet sich unmittelbar zum Themenkreis der Markteinführung eines neuen Produktes, das sich derzeit noch in Entwicklung befindet. Um sich später auf das Spezielle zu focussieren, empfiehlt sich zunächst eine generelle Betrachtung: „Wann wird ein neues Produkt - egal ob Brennstoffzellen-Auto, Waschmaschine oder Schokoriegel - überhaupt gekauft?" Die Antwort erscheint simpel: „Dann, wenn das Produkt den Erwartungen und Wünschen der (potentiellen) Kunden mindestens entspricht bzw. diese erfüllt, also praktischen und/ oder emotionalen Wert und Nutzen bietet." Auf diese Weise gerät rasch auch die *psychologische* Bedeutung eines Produktes in das Blickfeld - und das insbesondere dann, wenn es sich um ein so kostspieliges und „emotionales" Gut wie ein (High-Tech-)Auto handelt.

Zahlreiche psychologische und soziologische Studien belegen eindrucksvoll, dass beim Kauf, dem Besitz und dem Fahren eines Autos vielschichtige psychische Dimensionen wirksam sind. Es sei beispielhaft an die Funktion des Autos als „Visitenkarte" seines Besitzers erinnert. Diese individuellen seelischen Bedeutungen, deren Vernetzung und Wechselwirkung untereinander in Regel sehr komplex sind, weisen z.T. besondere Spezifika je nach betrachtetem Kulturraum auf. Es ist also mit hoher Wahrscheinlichkeit nicht von einem homogenen Markt für Brennstoffzellen-Fahrzeuge auszugehen, sondern von unterschiedlichen Märkten und möglicherweise Nischen mit spezifischen Profilen, die es im einzelnen zu explorieren gilt.

Das „normale" = verbrennungsmotorisch angetriebene Fahrzeug hat rund ein Jahrhundert Tradition und ist damit, zumindest in den Industrieländern, schon zu einem „abgesunkenen Kulturgut" geworden. Dies bedeutet kulturpsychologisch gesehen eine feste Verankerung innerhalb der jeweiligen Gesellschaft. Alles Neue, und damit auch der Brennstoffzellen-Antrieb, trifft auf eine historisch gewachsene, kulturell-gesellschaftliche Gesamtsituation und wird zunächst am Maßstab des Etablierten bewertet. Das Neue muss nicht nur seine Vorteile gegenüber dem „Bewährten" herausarbeiten, sondern sich möglicherweise zusätzlich noch gegen Ressentiments und emotionale Argumente behaupten. Eine möglichst breite Akzeptanz - und damit letztlich Käufer - zu finden, wird eine der wichtigsten Aufgaben der Anbieter von Brennstoffzellen-Fahrzeugen sein. In diesem Kontext sind konkret die Wirkungen ungewohnter, teils ungewöhnlicher Technik und die „anderen" Fahreigenschaften sowie das komplex zusammengesetzte individuell erlebte Fahrgefühl als Ganzes nicht zu unterschätzen. In jedem Fall tritt der Brennstoffzellen-Antrieb gegen eine sich kontinuierlich verbessernde Konkurrenz „klassischer" und alternativer Systeme bzw. Kraftstoffe an, die auch hinsichtlich Energieausnutzung, Wirkungsgrad, Ressourcenschonung und niedriger Emissionen noch Fortschritte machen werden.

Eine psychologische Wirkungsanalyse der bewussten und unbewussten Bewertung dieser neuen Fahrverfassung bzw. eines „neuen Fahrens", das dem Brennstoffzellen-Antrieb eigen ist, steht noch aus. Hiervon sind erste Ansätze für eine Beurteilung des Grads an Kunden-Akzeptanz zu erwarten, die über Wohl oder Wehe des Brennstoffzellen-Antriebs entscheiden wird; es wäre dann abschätzbar, ob ein Markt (genauer: Märkte) entwickelt werden kann (können) und wie das Nutzer- bzw. Nutzungs-Profil potentieller Zielgruppen aussehen könnte. Aber selbst ein derartig solides Grundwissen ist kein Garant für einen Erfolg und daher bleibt stets ein erhebliches unternehmerisches Risiko bestehen – um so mehr, wenn geeignete (politische) Rahmenbedingungen fehlen. Eine Marktdurchdringung mit Brennstoffzellen-Fahrzeugen dürfte mit großer Wahrscheinlichkeit relativ langsam verlaufen, wobei primär Nischen zu identifizieren oder zu schaffen sind, um diese konsequent zu besetzen. Zudem ist mit der Nutzer-Freundlichkeit eines Fahrzeugs die Verfügbarkeit und Infrastruktur des notwendigen Treibstoffs eng verknüpft, was heute noch eine weitgehend offene Frage darstellt.

Vor dem Hintergrund historisch gewachsener Formen und der Psycho-Dynamik heutiger Mobilität und des Autos im Besonderen ließe sich zugespitzt fragen: „Fordern oder fördern Brennstoffzellen-Fahrzeuge eine völlig neue Fahrkultur?" So ist z.B. nicht zu unterschätzen, dass ein solches Fortbewegungsmittel eine neue und ungewohnte Geräuschkulisse für Passanten, Insassen und insbesondere den Fahrer schafft - wesentlich bedingt durch Elektrotraktion und Nebenaggregate der Brennstoffzelle. Das Antriebssystem erzeugt insgesamt spezifische, „neue" Fahreigenschaften. Erste Antworten auf die Grundfrage der (kulturellen) Akzeptanz sind zu erwarten, wenn Prototypen im Straßenbild verstärkt erscheinen und entsprechende psycho-soziale Untersuchungen durchgeführt werden.

Vor diesem Hintergrund ähnelt die Markteinführung eines Brennstoffzellen-Fahrzeugs einem Puzzelspiel:

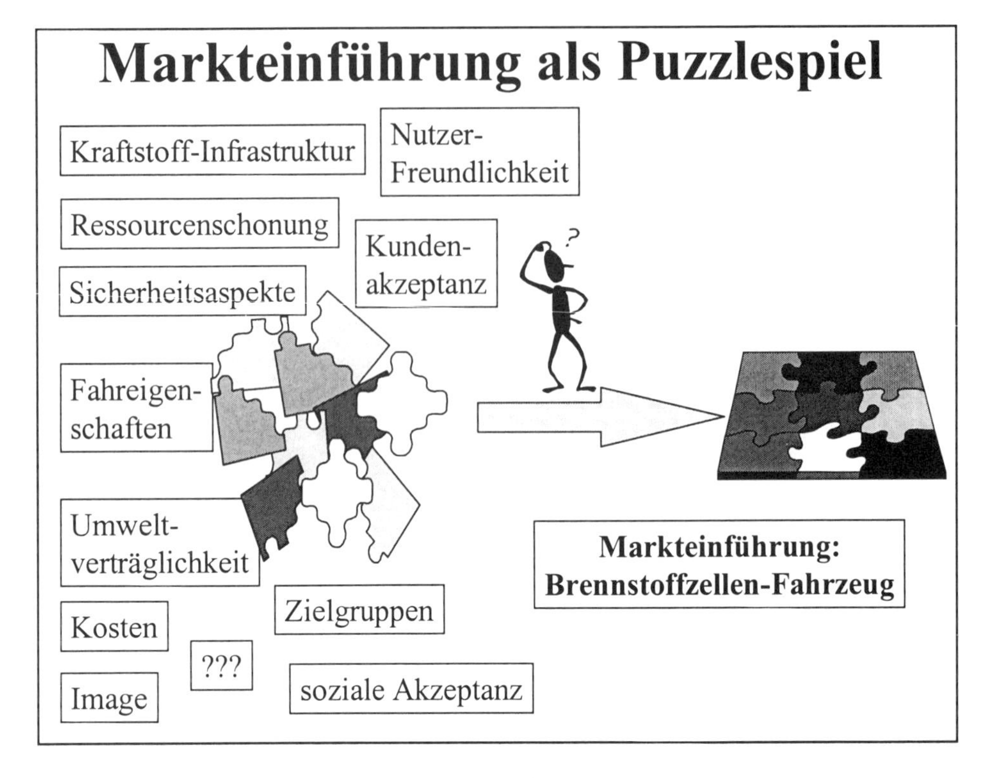

Abb. 4: Markteinführung als Puzzelspiel
(Quelle: Ford-Werke AG)

Aus heutiger Sicht lassen sich einige (vorläufige) prinzipielle Charakteristika als Voraussetzungen für eine potentielle Markteinführung des Brennstoffzellen-Fahrzeugs aufzeigen:

- Technisch ausgereifte Produkte; orientiert an Zielgruppen und Märkten,
- akzeptable (Mehr-)Kosten (Anschaffung und Betrieb),
- angenehme Fahreigenschaften („stimmige Fahr-Psychologie"),
- hohe aktive und passive Sicherheits-Standards,
- konkreter Beitrag zu umweltverträglicher Fortbewegung und
- positives Image/soziale Akzeptanz.

Fazit, Schlussfolgerungen und Ausblick

Eine umfassende Prognose, welche Rolle die Brennstoffzelle für eine Mobilität der Zukunft spielen kann, ist heute nicht seriös zu erstellen. In jedem Fall sind erhebliche Möglichkeiten am Horizont erkennbar, die es konsequent zu nutzen gilt. Der Brennstoffzellen-Antrieb hat das Potential, die Palette „klassischer" und alternativer Antriebssysteme sinnvoll zu ergänzen und als neuer Baustein einen Beitrag zur (Auto-)Mobilität von morgen zu leisten. Die Chancen hierfür sind eng gekoppelt an die Themenkreise von technischer Entwicklung, Kostenaspekten, Infrastruktur geeigneter Kraftstoffe sowie die häufig unterschätzte gesellschaftliche, kulturelle und individuelle Akzeptanz.

Ohne Zweifel fasziniert die Vision eines (lokalen) Null-Emmissions-Fahrzeuges hoher Energieeffizienz; die Begeisterung steigt beim Gedanken an die Option, zusätzlich erneuerbare/nachwachsende Energien bzw. Rohstoffe einbinden zu können (z.B. Methanol aus Biomasse; „Solar-Wasserstoff"). Eines dürfte jedoch heute schon klar sein: Die Universallösung für ein vernetztes Mobilitäts-System im Sinne von Sustainable Mobility gibt es nicht - dies für die Brennstoffzelle heute konstatieren zu wollen wäre fatal, da es eine inhaltliche Überforderung darstellen würde. Am Ende könnten vielversprechende Prophezeihungen sogar einer zukunftsträchtigen Technologie schaden, wenn überhöhte Erwartungen enttäuscht werden müssten. Der Brennstoffzellen-Antrieb wird sich in jedem Falle auch dem ganzheitlichen Vergleich - ökologisch und ökonomisch - innerhalb des Spektrums der jeweils verfügbaren Mobilitäts-Träger stellen und standhalten müssen.

Summa summarum: Der Brennstoffzellen-Antrieb wird sukzessive in einen „edlen Wettstreit" mit allen anderen Möglichkeiten der Fortbewegung eintreten und sich im Markt/in Märkten behaupten. Für den praxisorientierten Planer bedeutet dies konkret, eine Markeinführung strategisch vorzubereiten und Meilensteine für Entscheidungen festzulegen.

Vor diesem Hintergrund ist das strategische Engagement innerhalb der Allianz von Ballard Power Systems / DaimlerChrysler / Ford Motor Company zu sehen.

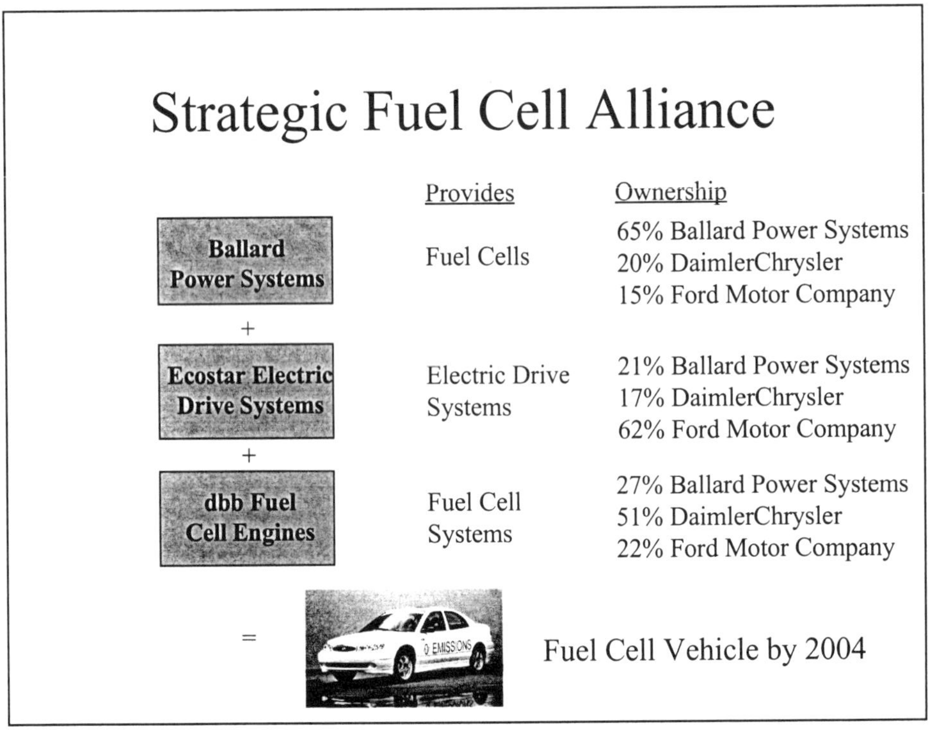

Strategic Fuel Cell Alliance

	Provides	Ownership
Ballard Power Systems	Fuel Cells	65% Ballard Power Systems 20% DaimlerChrysler 15% Ford Motor Company
+		
Ecostar Electric Drive Systems	Electric Drive Systems	21% Ballard Power Systems 17% DaimlerChrysler 62% Ford Motor Company
+		
dbb Fuel Cell Engines	Fuel Cell Systems	27% Ballard Power Systems 51% DaimlerChrysler 22% Ford Motor Company
=		Fuel Cell Vehicle by 2004

Abb. 5: Übersicht der „Strategic Fuel Cell Alliance“
(Quelle: Ford-Werke AG)

Mit einer Investition von rund US$ 420 Mio. beabsichtigt Ford, den Brennstoffzellen-Antrieb bis zum Jahr 2004 zur Serienreife zu entwickeln. Das vorläufige Fazit aus der Sicht eines Automobilherstellers kann für Ford derzeit nur lauten: Das eine tun und das andere nicht lassen; dies bedeutet, den Brennstoffzellen-Antrieb voranzubringen und zugleich konventionelle und heute schon entwikkelte alternative Antriebe zu optimieren. Die Brennstoffzelle und ihre Potentiale für die mobile Anwendung sind weder Alibi noch „Ruhekissen“ - dazu sind die Anforderungen an eine Mobilität der Zukunft zu vielschichtig.

Günter Schmirler

Adam Opel AG

Die Brennstoffzelle aus Sicht der Adam Opel AG

Einleitung

Wer sich mit neuen Fahrzeugen und Antriebstechniken beschäftigt, muss zwei Tatsachen stets vor Augen haben. Faktum eins: Die Erdölreserven sind begrenzt. Darüber sind sich alle Naturwissenschaftler einig, wenn auch die konkreten Prognosen zu der Laufzeit differieren. Faktum zwei: Der Zuwachs an Mobilität allerorts, nicht zuletzt in den sogenannten „Schwellenländern", wird erkauft durch einen insgesamt höheren Ausstoß an Schadstoffen.

Strategische Ziele

Ein global agierender Automobilhersteller, der es sich zur Aufgabe gemacht hat, individuelle Mobilität mit innovativer Technologie zu erschwinglichen Preisen zu bieten, muss demzufolge zu den Vordenkern gehören, will er seiner Aufgabe und der damit verbundenen Verantwortung gerecht werden. Die Ziele, die Opel sich insbesondere in der Antriebstechnologie gesetzt hat, lauten:

- die Reduktion des Kraftstoffverbrauchs und
- die Minimierung von Schadstoffemissionen.

Vordenken heißt in der Automobilindustrie, neue Technologien für den Automobilbau zu erschließen, zu optimieren und in attraktive Serienprodukte zu verpakken. Die Brennstoffzelle ist eine solche Technologie. Sie macht das Auto auf lange Sicht unabhängig von Benzin und Diesel, ist schon heute effizienter und arbeitet nahezu emissionsfrei. Im Global Alternative Propulsion Center mit Hauptsitz in Mainz-Kastel beschäftigen Opel-Ingenieure sich derzeit vorrangig mit einer Aufgabe: Wie bringt man die Brennstoffzelle ins Auto, ohne dass das Fahrzeug mehr kostet als ein heutiger Wagen vergleichbarer Leistung mit Turbodiesel-Motor und Automatikgetriebe? Bereits im Jahr 2004 will Opel die Antwort auf diese Frage präsentieren, und zwar in Form eines marktreifen Fahrzeugs mit Brennstoffzellen-Technologie.

Die Brennstoffzelle: Entwicklungsstand und –perspektiven

Die Brennstoffzellen-Technologie wird die bisherigen Antriebssysteme jedoch nicht schlagartig ablösen. Allein schon aus diesem Grund werden die Fahrzeuge mit konventioneller Antriebstechnik immer weiter verbessert. Auch der Einsatz alternativer Kraftstoffe wird erforscht. So würden mit schwefelfreiem Kraftstoff die Vorteile der Benzin-Direkteinspritzung voll zum Tragen kommen. Ein weiterer Schritt wären alternative Treibstoffe, die es erlauben, eine weniger kohlenstoffhaltige Primärenergie zu verwenden. Auf diese Weise würde die CO_2-Belastung ganz erheblich vermindert.

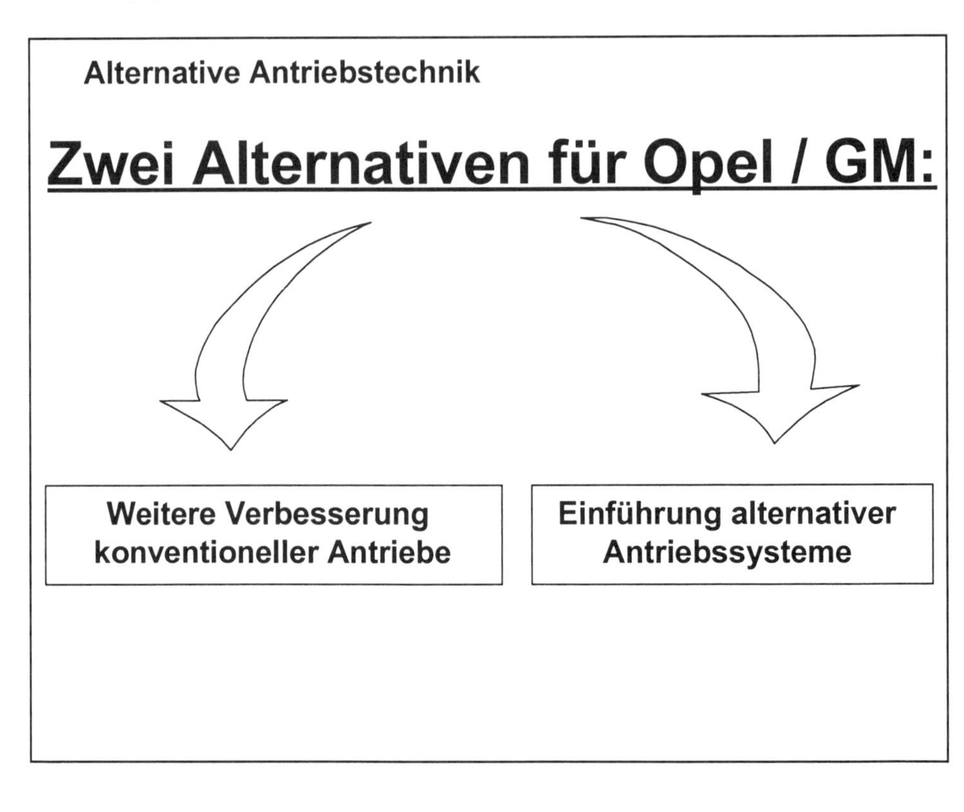

Abb. 1: Zwei Alternativen für Opel / GM
(Quelle: Adam Opel AG / GM)

Es gilt, beide Wege weiter zu verfolgen, um den Treibstoffverbrauch des gesamten Produktspektrums wirkungsvoll zu reduzieren. Die Diskussion um ein Drei-Liter-Auto ist nur ein Teilaspekt. Wer die Ressourcen nachhaltig schonen will, muss bei den Fahrzeugen beginnen, die in großen Stückzahlen gekauft werden.

Neben der Optimierung der bisherigen Benzin- und Dieselaggregate gibt es zwei weitere Möglichkeiten, Verbrauch und Schadstoffausstoß zu minimieren:

- die Verbesserung der Aerodynamik und
- die Reduzierung des Gewichts.

Auf dem Gebiet der Aerodynamik hat Opel bereits in der Vergangenheit seine technologische Kompetenz unter Beweis gestellt: Schon vor zehn Jahren erreichte das Sportcoupé Calibra einen Luftwiderstandsbeiwert von damals außergewöhnlichen Cw 0,26. Die Reduzierung des Gewichts ist ein weiterer, wenn auch kostspieliger Weg. Denn er bedeutet den Einsatz von Leichtmetallen in größeren Mengen. Die Branche erwartet, dass der Aluminiumverbrauch pro gefertigtes Fahrzeug jedes Jahr um sieben Prozent steigen wird. Aber die Investitionen in Produkt und Fertigungseinrichtungen werden sich lohnen: Nach eigenen Berechnungen bewirkt eine Gewichtsersparnis von 100 Kilogramm eine Verbrauchsabnahme um 0,4 Liter. Ein Grund mehr für Opel, bei der Gewichtsreduzierung verstärkt auf Leichtmetalle zu setzen.

Wird nur der Antrieb betrachtet, kann man feststellen, dass Einsparungen dieser Größenordnung sich in einem kleineren Fahrzeug zunächst noch mit konventioneller Technologie erreichen lassen. Bei größeren Fahrzeugen dagegen sind ganz wesentliche Verbrauchsreduzierungen gefordert - vor allem unter dem Aspekt, dass ein Fahrzeug idealerweise nicht mehr als 90 Gramm CO_2 pro Kilometer ausstoßen sollte. Hier dürfte nach den Vorstellungen von Opel das erste Einsatzgebiet der Brennstoffzelle liegen.

Elektrofahrzeuge von Opel

Die Erfahrung mit Elektrofahrzeugen, deren Antrieb die Basis für das Brennstoffzellenfahrzeug darstellt, reicht zurück in die siebziger Jahre. Seinerzeit hatte die Adam Opel AG mit Elektrofahrzeugen drei Weltrekorde aufgestellt. Ein Opel GT mit Elektroantrieb erreichte eine Höchstgeschwindigkeit von 189 km/h. Die Reichweite des einsitzigen Fahrzeuges war jedoch durch die Speicherkapazität der Nickel-Cadmium-Batterie auf nur 44 km begrenzt. Opel unternahm Anfang dieses Jahrzehnts erneute Anstrengungen in diesem Bereich. Auf Basis des Kadett wurde das Versuchsfahrzeug „Impuls 1" entwickelt. Die Reichweite dieses Elektrofahrzeuges betrug nun 80 km, wobei das Fahrzeug fünf Personen Platz bot. Ein Jahr später folgte der „Impuls 2" im Opel Astra Caravan und 1993 der „Impuls 3", mit einer Reichweite von 160 km und einer Höchstgeschwindigkeit von 120 km/h. Trotz aller Verbesserungen der Elektrofahrzeuge in Antriebskomfort und Leistung blieb ein Problem ungelöst: die geringe Reichweite. Damit war der Elektroantrieb für den normalen Autofahrer als Alternative zum Bisherigen nicht attraktiv genug.

Das Brennstoffzellenfahrzeug

Die Brennstoffzelle könnte diesen Nachteil dauerhaft beheben. Gewissermaßen ist das Brennstoffzellen-Aggregat ein Kraftwerk, das die Energie für den Elektroantrieb liefert - anstelle der aufladbaren Batterien.

Für ein Brennstoffzellenfahrzeug werden - vereinfacht ausgedrückt - drei wesentliche Aggregate benötigt. Zunächst bedarf es eines elektrischen Antriebsaggregats. Der Antrieb, der bei Opel im Versuch eingesetzt wird, hat von seinen technischen Eigenschaften her bereits heute Marktreife erlangt. Die Verbesserungspotentiale liegen hier vor allem im Bereich der Systemkosten.

Alternative Antriebstechnik

Eigenschaften des Brennstoffzellen - Fahrzeuges
... konsequent umgesetzt: die Brennstoffzelle

- **Hoher Wirkungsgrad**
- **Keine Stickoxide, stark reduzierter CO_2-Ausstoß**
- **Wenig Antriebsgeräusch**
- **Große Bandbreite nutzbarer Betriebsstoffe: Wasserstoff, Methanol, Bio-Gas, Benzin, Diesel**
- **Hohe Reichweite**
- **Infrastruktur für flüssige Kraftstoffe verfügbar**
- **Sehr hohes Entwicklungspotential**

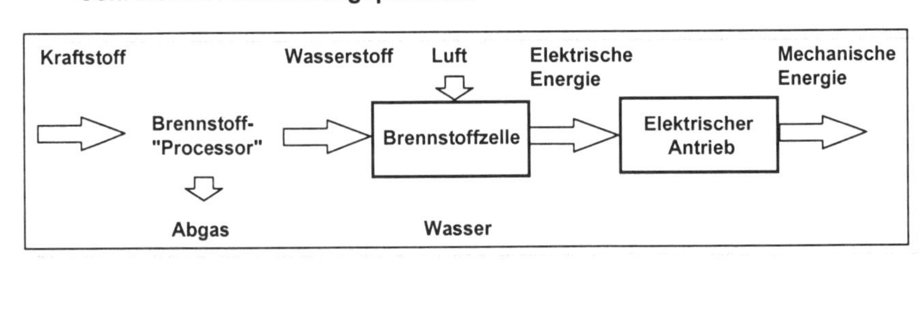

Abb. 2: Eigenschaften des Brennstoffzellen-Fahrzeuges (Quelle: Adam Opel AG / GM)

Als zweites Modul folgt die Brennstoffzelle. Sie ähnelt vom Aufbau her einer Batterie. Zahlreiche Zellen sind hier in Sandwich-Bauweise angeordnet und elektrisch in Reihe geschaltet. Zur Stromerzeugung führt das System der Anode Wasserstoff zu, während Sauerstoff an die Kathode gelangt. Durch diesen Prozess, der in der Fachsprache als „kalte Verbrennung“ bezeichnet wird, entsteht elektrischer Strom.

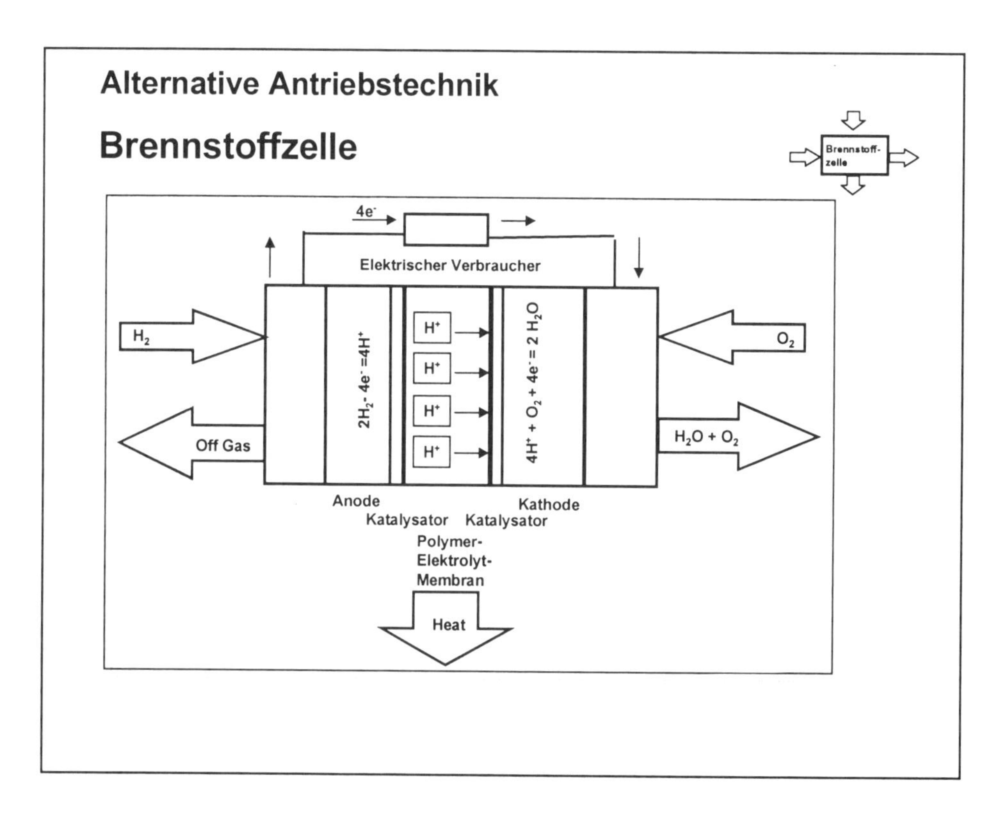

Abb. 3: Alternative Antriebstechnik: „Brennstoffzelle“
(Quelle: Adam Opel AG / GM)

Mit der heutigen Technologie ist es nur unter erheblichem und kostenintensivem Aufwand möglich, ein Auto mit Wasserstoff zu betanken. Für flüssige Treibstoffe ist jedoch ein flächendeckendes Tankstellen-Netz vorhanden. Daher wird der Wasserstoff zunächst an Bord produziert. Einzig bei diesem Prozess entsteht Kohlendioxid. Daher können Brennstoffzellenfahrzeuge einen wesentlichen Beitrag leisten, die von den europäischen Automobilherstellern als freiwillige Maßnahme angekündigte Reduzierung des CO_2-Flottenausstoßes um 25 Prozent bis 2008 zu realisieren.

Bei dem System, das zur Zeit bei Opel erprobt wird, wandelt ein Brennstoffprozessor - oder auch: Reformer - Methanol in Wasserstoff um. Der Reformer ist das dritte Hauptaggregat der alternativen Antriebseinheit. Hier besteht zur Zeit der dringlichste Handlungsbedarf. Neben den Kosten muss vor allem das

Package optimiert werden. Die starke Verkleinerung dieses Aggregats scheint realistisch, denn es werden Miniaturisierungen ähnlich wie in der Mikroelektronik erwartet.

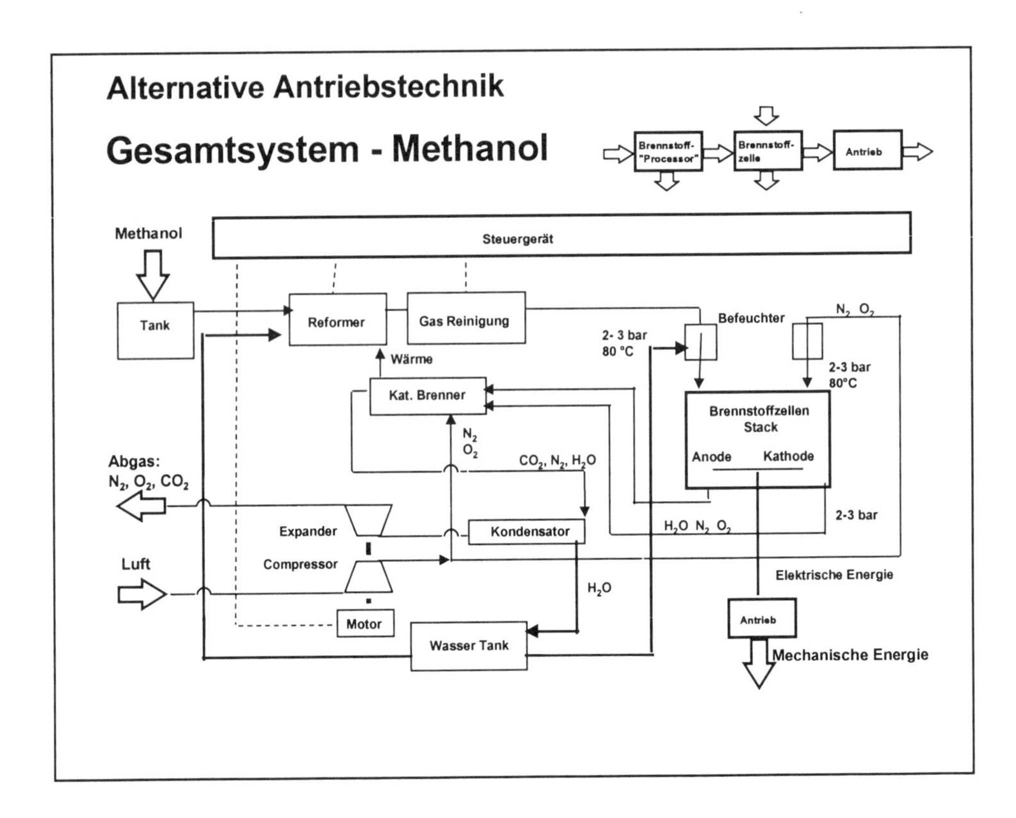

Abb. 4: Gesamtsystem - Methanol
(Quelle: Adam Opel AG / GM)

Global Alternative Propulsion Center

Von der Brennstoffzelle überzeugt, haben Opel und General Motors das Global Alternative Propulsion Center ins Leben gerufen. Dort arbeiten derzeit weltweit etwa 200 Mitarbeiter, die meisten davon im Internationalen Technischen Entwicklungszentrum von Opel. Zwei weitere Abteilungen befinden sich in den USA - eine davon sitzt in Rochester, New York, die andere in Warren, Michigan. Über Datennetze miteinander verbunden, forschen diese drei Zentren fortwährend nach technischen Lösungen, die zur baldigen Marktreife der Brennstoffzelle führen wird.

Die Brennstoffzelle im Fahrzeug

In Genf wurde 1998 ein Konzeptfahrzeug mit Brennstoffzellenantrieb vorgestellt. Das Fahrzeug diente als Demonstrationsmodell, bei dem die einzelnen Komponenten sichtbar waren. Im Herbst 1998 wurde dann der "Fuel-Cell Zafira" auf dem Pariser Salon präsentiert. Das gesamte Brennstoffzellensystem wurde als Einheit auf eine Palette montiert und in den Zafira „hineingeschoben“ - quasi ein Labor auf Rädern. Aus diesem Grund nimmt das System mehr Raum ein, als es bei einem Serieneinsatz der Fall wäre. Wichtig war es, dass alle Komponenten problemlos von außen zugänglich und austauschbar sind. Alle Arbeiten sind nun darauf gerichtet, das System und seine Komponenten auf Serientauglichkeit und Marktreife zu optimieren. Die bereits erwähnten Faktoren Kosten und Package stehen dabei ebenso im Lastenheft wie Crashverhalten, Funktionalität und Gewichtsverteilung. Auch hinsichtlich Fahrkomfort, Wartungsfreundlichkeit und Integration in den Fertigungsprozess wird das System noch entscheidend verbessert.

Wie fährt sich ein Brennstoffzellenfahrzeug? Wie bei einem Automatik-Fahrzeug gibt es die Wahlfunktionen: Vorwärts, Rückwärts, Parken und Leerlauf. Insgesamt ist das Fahrzeug also einfach zu bedienen. Auch die Leistungsentfaltung ist vielversprechend: Das maximale Drehmoment baut sich spontan auf. Das Ergebnis sind ein dynamischer Schub beim Anfahren und eine beeindruckende Durchzugskraft.

Bibliographie

Adam Opel AG (Hrsg.): Brennstoffzellentechnologie - Energie für die Mobilität von morgen, Rüsselsheim 1998

Auto und Umwelt – Kriterien für alternative Antriebe aus Sicht von Politik und Gesellschaft

---

Dieter Klaus Franke

ADAC e.V.

Auto und Umwelt - Kriterien für alternative Antriebe aus der Sicht von Behörden und Verbänden

„Wer den Blick in die Zukunft unserer Mobilität richtet, um dabei mögliche Lösungsansätze zu erkennen, ist stets gut beraten, auch die Vergangenheit zu betrachten. Nur wer weiß, wo er herkommt, kann die Richtung bestimmen.“ Diese Ausrichtung ist im Leitbild einer langfristig nachhaltigen Entwicklung zu erkennen, die wohl als größte Herausforderung für alle Nationen der Erde anzusehen ist. Im Abschlussbericht der Enquete-Kommission „Schutz des Menschen und der Umwelt“ des 13. Deutschen Bundestages ist dazu nachzulesen, dass „die Diskussion über eine nachhaltig zukunftsverträgliche Entwicklung aus der wissenschaftlichen und politischen Diskussion nicht mehr wegzudenken ist“. Dieser Aussage ist wenig hinzuzufügen, es sei denn man möchte kritisch festhalten, dass es vom Leitbild bis zum nachhaltigen Handeln noch ein langer Weg sein dürfte und dass die darin enthaltene Botschaft beim Verbraucher auch in den aufgeklärten Industriestaaten noch gar nicht angekommen ist. Kommunale Aktivitäten rund um die „lokale Agenda 21“ sind zwar gelegentlich in den Medien zu finden, aber wer wirklich große Leistungen für die Umwelt erbringen will, muss bei der nachhaltigen Entwicklung große Menschenmassen in allen großen Staaten unserer Erde bewegen - und diese Bewegung ist leider nicht zu erkennen. Schon im Vorfeld der Rio-Konferenz 1992 wurde in den Medien von einer Farce gesprochen.

Bevölkerung und Energieverbrauch

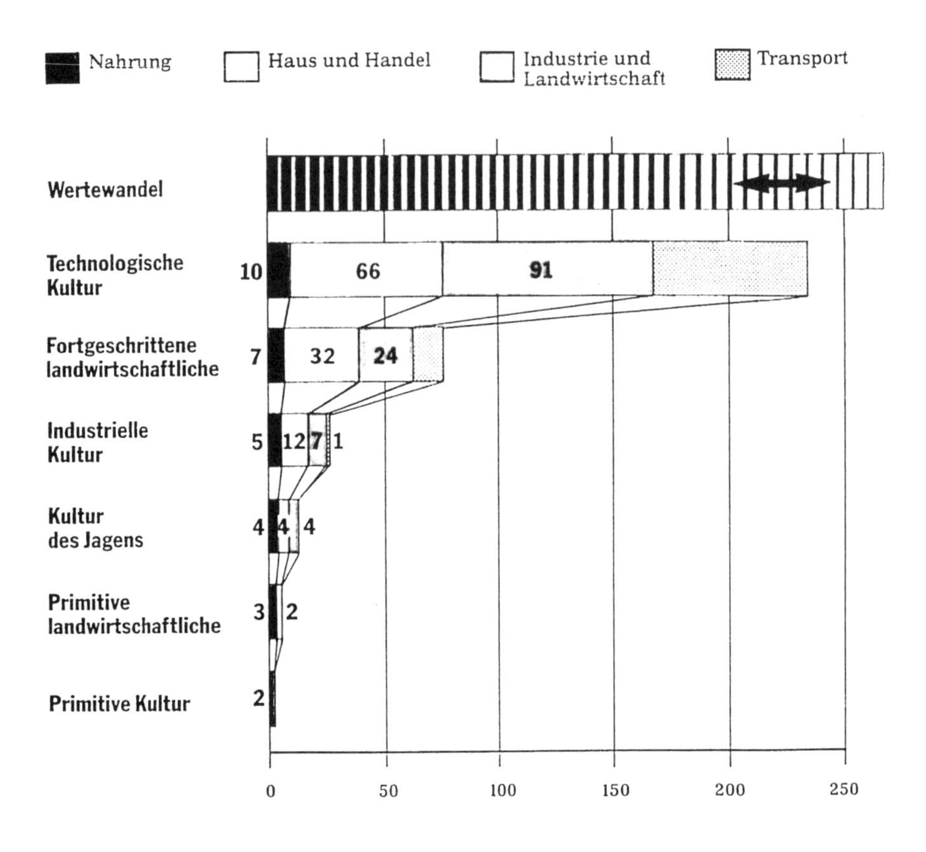

Abb. 1: Energieverbrauch
(Quelle: ADAC)

Nun steht die Frage im Raum, was ein möglicher zukünftiger motorischer Antrieb mit dem Problem der Nachhaltigkeit zu tun hat? Man kann behaupten, dass Energieeinsparung mittels neuer Technologien, etwa bei Industrieprozessen sowie der Hausheizung, mühelos durch Zuwächse der Erdbevölkerung in den bekannten Staaten wie Indien oder China kompensiert wird. Hier stellt sich auch die gesellschaftliche Frage des Konsumverhaltens. Der Ausmaß einer Kopie unserer Lebensstile (USA, Mitteleuropa) in die Schwellen- und Entwicklungsländer ist im Hinblick auf die Energiefrage kaum vorstellbar. Hier wartet auf die verantwortlichen Politiker weltweit ein riesiges Aufgabenfeld, deren Problem auch durch die Folgekonferenzen von Rio bisher nicht gelöst wurde. Ein paar Zahlen mögen dies verdeutlichen. 1992 betrug die Erdbevölkerung rund 5,5 Mrd. Menschen, deren Energieverbrauch bei etwa 358 Petajoule, entsprechend einem CO_2-Ausstoß von 24 Mrd. Tonnen, lag. Für das Jahr 2010 geht man von einem Anstieg der Erdbevölkerung auf 7,5 Mrd. Menschen aus. Mit diesem Bevölkerungswachstum verbunden ist auch ein Anstieg des Energieverbrauchs auf 522 Petajoule bzw. der CO_2-Emissionen auf 34 Mrd. Tonnen. Schätzungen für das Jahr 2040 rechnen sogar mit 10 Mrd. Menschen und einem Energieverbrauch von 804 Petajoule, entsprechend einer CO_2-Freisetzung von 50 Mrd. Tonnen.

Energieverbrauch und Mobilität im kulturellen Kontext

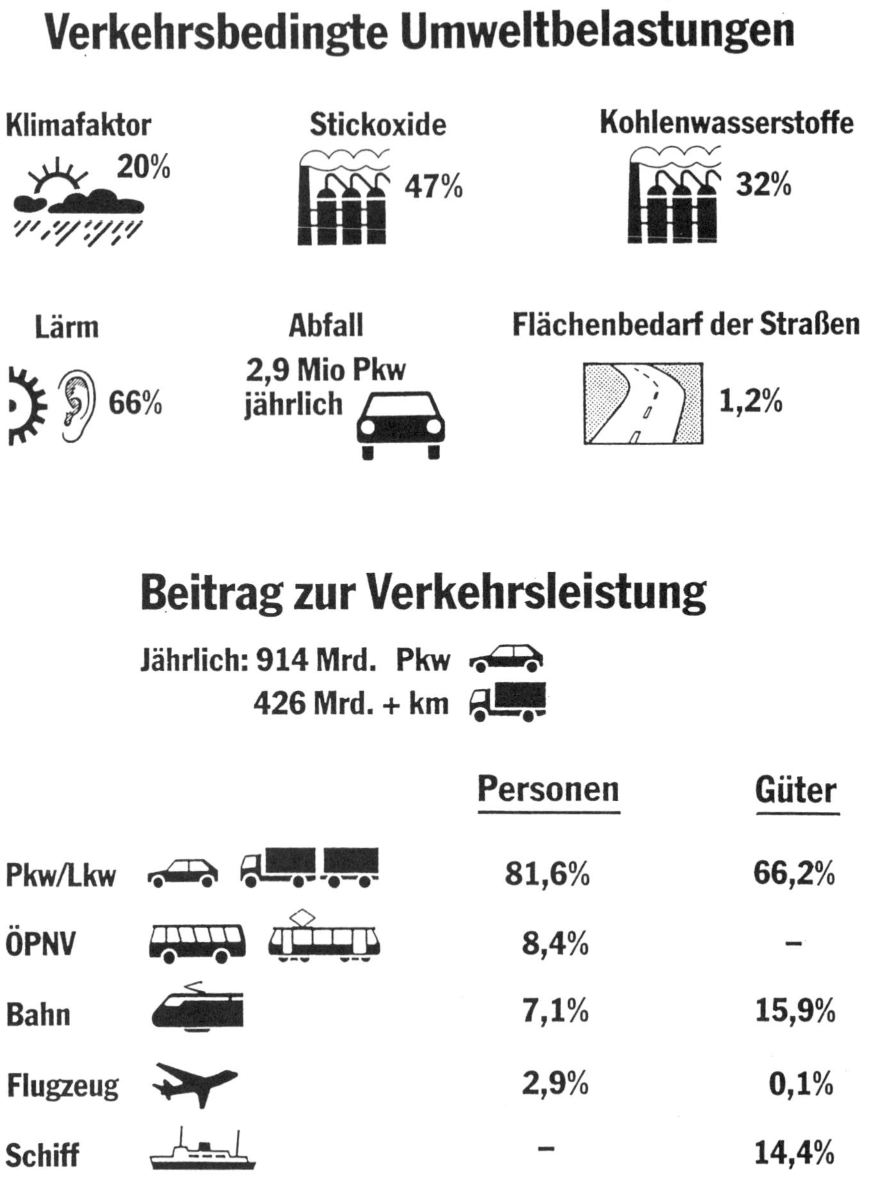

Verkehrsbedingte Umweltbelastungen

Klimafaktor

20%

Stickoxide

47%

Kohlenwasserstoffe

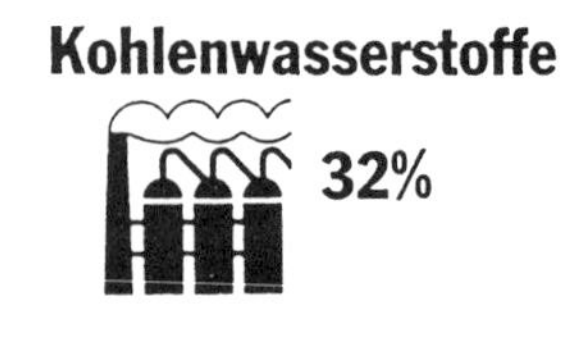

32%

Lärm

66%

Abfall

2,9 Mio Pkw jährlich

Flächenbedarf der Straßen

1,2%

Beitrag zur Verkehrsleistung

Jährlich: 914 Mrd. Pkw
426 Mrd. + km

	Personen	Güter
Pkw/Lkw	81,6%	66,2%
ÖPNV	8,4%	–
Bahn	7,1%	15,9%
Flugzeug	2,9%	0,1%
Schiff	–	14,4%

Abb. 2: Verkehrsumweltbelastung
(Quelle: ADAC)

In den 70iger Jahren beherrschten zwei große Energiekrisen die Schlagzeilen in den Industrienationen. Die Botschaft von den begrenzten Ressourcen unserer Erde war recht gut vermittelbar. Energiespartechnologien, auch in unseren Kraftfahrzeugen, wurden realisiert, ohne dabei das wirkliche Problem, den schlechten Wirkungsgrad der Antriebsmotore, zu lösen. Alsbald wurde die reine Energiediskussion durch die Frage „Wie belastungsfähig unsere Umwelt durch Schadstoffe überhaupt sei“ abgelöst. Man kann sagen, damals wurde der Trend vom emissionsarmen bis hin zum „emissionsfreien“ Straßenverkehr vorgezeichnet. Die Energiediskussion wurde dabei zunächst vernachlässigt.

Parallel zum Einstieg in die schadstoffarmen Antriebe gab es eine Minderheitendiskussion, die generell die Mobilität unserer Gesellschaft kritisch beleuchtete. Bis heute stellen sie die Fragen „Ist Mobilität notwendig, ist Mobilität ein Grundrecht oder muss Mobilität im Hinblick auf Schadstofferzeugung und Energieverbrauch bis zur gesellschaftlichen Belastungsgrenze zurückgefahren werden?“

Unsere Gesellschaft hat sich von einer einfachen Kultur bis hin zu einer technologischen Stufe entwickelt, die etwa ein Drittel der Energie täglich für ein Transportsystem verbraucht. In einer darüberliegenden Stufe des Wertewandels sollten sich nun alle Prozesse einer nachhaltigen Entwicklung unterwerfen. Es muss nach dem jeweiligen Stand der Technik und Forschung versucht werden, den Energieverbrauch und gleichzeitig die Schadstoffentstehung zu reduzieren. Einen Trend, dem der Verbraucher folgen wird, denn - wer hätte etwas gegen eine sparsame Hausheizung, gegen ein wirtschaftliches Fahrzeug oder aber gegen ein Flugzeug, das ihn Dank günstigen Treibstoffverbrauches schnell und preiswert in sein Urlaubsland bringt?

Ohne Umweltschutz folgt der Marktaustritt

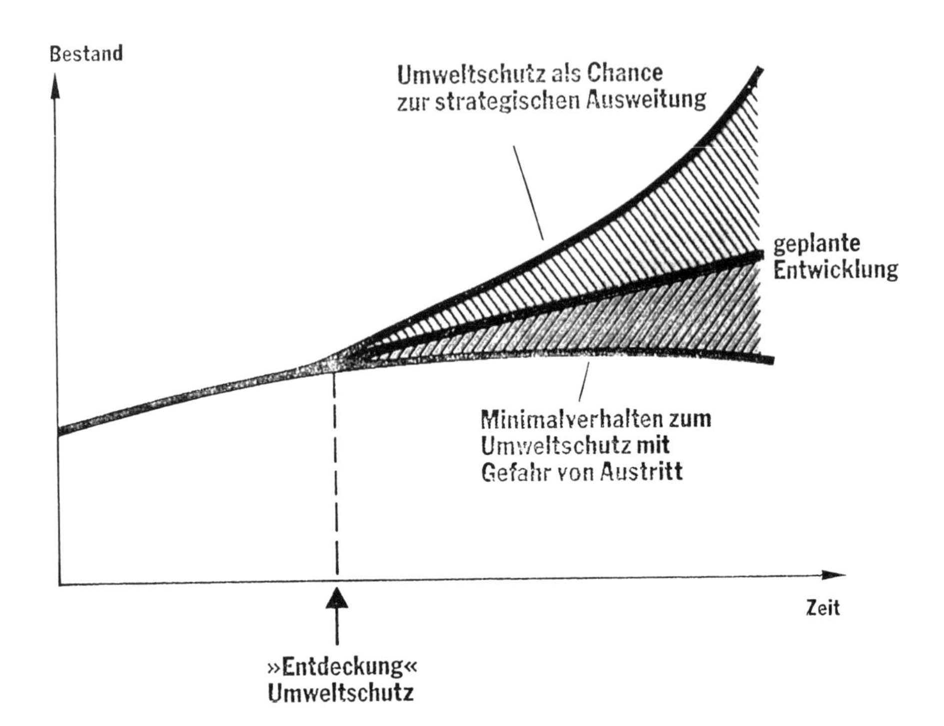

Abb. 3: Ohne Umweltschutz
(Quelle: ADAC)

Blickt man in die Vergangenheit, fällt auf, dass der Fokus in den 50er, 60er und 70er Jahren sehr wesentlich auf die Qualität von Fahrzeugen gelegt wurde. Damals gab es überall ein ausgewogenes, ausgeprägtes Qualitätsmanagement. Als die Autos qualitativ weiterentwickelt wurden, gewann das Thema Umwelt immer mehr an Bedeutung. Heute ist Umweltschutz – hier versteckt sich mittlerweile der kombinierte Gedanke von Schadstoffvermeidung und Energieeinsparung – längst zum Teil der unternehmerischen Strategie geworden. Umweltunverträgliche Produkte lehnt der Markt ab. Dies gilt für Kleidung genauso wie für Möbel, für ein Haus oder für die Mobilität. Kaum ein Unternehmen verzichtet heute auf einen umfassenden Umweltbericht. Erstaunlich ist dabei, dass nach umfangreicher Detailarbeit vielfach umweltgerechte Produkte mit ihren Marktvorteilen sogar durch ihre ökonomische Komponente überzeugen. Die Verbindung von Ökonomie und Ökologie ist der ideale Ansatz für eine nachhaltige Entwicklung.

Die Lebensstil-Frage

Verursacht durch die Umweltdiskussion des Jahrganges 1983 wurden das Katalysatorfahrzeug und bleifreie Benzinsorten auf den Markt gebracht. Dies führte jedoch nicht zum Einbruch der Mobilität oder gar zum Rückgang der Kfz-Zulassungszahlen. Waren damals knapp 23 Mio. Pkw zugelassen, sind in der Zwischenzeit diese Zahlen auf knapp 42 Mio. Pkw angestiegen – Tendenz weltweit steigend. Die Mehrzahl dieser Fahrzeuge ist zwischen 1,1 und 1,4 Tonnen schwer und bewegt eine Person täglich auf den Weg von und zur Arbeit. Offensichtlich hängt am Individualverkehr auch die wichtige Lebenstilfrage - wer 18 Jahre alt wird, erwirbt den Führerschein und möglichst schnell einen Pkw. Der Trend zum Zweit- und Drittwagen in vielen Familien mit Kindern ist Stand der Dinge. Dieser Lebensstil zieht sich durch sämtliche Bereiche in unserer Gesellschaft. Auf unseren Tischen sind die Produkte der Europäischen Union, etwa aus Spanien, Italien oder Frankreich, normal - längst gibt es Wein aus Chile, Wassermelonen aus Honduras oder Costa Rica, Avocados kommen aus Kenia oder Südafrika und der Spargel aus den USA. Obwohl der Verbraucher genau über die Herkunft der Produkte informiert ist, finden diese Produkte in unserer umweltorientierten Gesellschaft Abnehmer und damit auch Akzeptanz. Der Transport von Gütern weltweit ist genauso akzeptiert wie der Transport von Informationen oder die tägliche Mobilität. Auch die Theorie, dass die elektronischen Dienstleistungen und die dazugehörigen Informationstechnologie Mobilität ersetzen wird, hat sich nicht bewahrheitet. Trotz aller Theorien gegen eine weltweite umfassende Mobilität von Menschen, Gütern und Nachrichten haben wir es in nicht geschafft, diese Mobilität zurückzufahren. Es ist anzunehmen, dass Sie sogar zunehmen wird.

Ursachen für Mobilität

Ursachen für Mobilität:

* Geburt
* Schule
* Ausbildung
* Beruf
* Wohnen
* Einkaufen
* Freizeit/Urlaub

Folgen von Mobilität:

* Resourcenverbrauch
* Abgas/Schadstoffe
* Lärm
* Siedlungs-/Wohnungsbau
  Trennwirkung
* Kosten/Nutzen
* Wohlstand, Wohlbefinden
  Wohlverhalten

Abb. 4: Ursachen und Folgen der Mobilität
(Quelle: ADAC)

Die Ursachen für Mobilität sind für jedermann sofort erkennbar und leicht zu erklären; z.B. erforderte der Anspruch an eine gehobene Ausbildung auf dem Lande den Einsatz von Schulbussen im beachtlichen Umfang; hohe Arbeitslosenzahlen zwingen den Suchenden zur Flexibilität - eine Pendlerfahrt von 50 km und mehr (täglich) ist keine Sensation mehr. Der so geschaffene Wohlstand hat die Funktionen Wohnen, Arbeiten und Einkaufen getrennt. Noch um die Jahrhundertwende war dies eine Reise, die bestenfalls einmal im Jahr vorkam oder ärmeren Bevölkerungskreisen sogar nur einmal im Leben ermöglicht wurde.

Schwieriger wird eine Betrachtung der Folgen von Mobilität mit ihrer Negativwirkung. Hier gilt es nicht, die Mobilität selbst zu bekämpfen sondern deren schädliche Wirkung. Spätestens bei Kosten und Nutzen gehen die Meinungen auseinander, denn gerade bei der Urlaubsreise oder bei der Fahrt mit dem Pkw werden erstaunlich hohe Kosten akzeptiert, obwohl der persönliche Nutzen vielfach nicht genau definiert ist.

Kleinwagen/Microcars

Menschen arbeiten – von einigen wenigen Ausnahmen abgesehen – vorteilsorientiert. Diese Orientierung prägt Entscheidungen auch bei der Mobilität. Offensichtlich müssen die Vorzüge von Pkw überwiegen, denn sie werden zu rund 82 % in Deutschland eingesetzt, um mobil zu sein. Diese Zahl ist dort kleiner, wo ein ÖPNV-Konzept zufriedenstellend funktioniert, weil folglich die Vorteile nicht mehr beim Pkw zu finden sind. Dabei ist der Pkw längst über die Stufe eines einfachen Transportmittels hinausgewachsen; es hat sich vielmehr zu einem Image-Objekt entwickelt, welches den persönlichen und wirtschaftlichen Erfolg kennzeichnen soll. Verhaltensforscher sprechen von einem Signal an das Umfeld. Die Industrie kann mit einer solchen Einschätzung sehr gut leben. Wer die Neuorientierung der industriellen Autowelt im Hinblick auf die durchgeführten Fusionen beobachtet, weiß, wie erfolgreich die Fahrzeughersteller weltweit agieren. Neue, noch teurere Modelle, möglichst im Retrodesign, und Luxus in der Ausstattung sind überall erkennbar. Wer einen 6-Zylinder mit einer Motorleistung um rund 150 kW anbieten kann, wird bestrebt sein, möglichst schnell einen 8-Zylinder auch für die Kompaktklassen aufzubereiten. Diese Entwicklung steht natürlich im Gegensatz zu der Bemühung, Akzeptanz für Energiesparkonzepte zu finden. Parallel und unabhängig davon werden erfreulicherweise auch energiesparende Fahrzeuge angeboten. Die Frage, wie Verbraucher auf diese Fahrzeuge reagieren, bleibt noch offen. Die Grundidee, Fahrzeuge durch Rücknahme des Eigengewichtes sparsamer und damit umweltverträglicher zu machen, ist nicht neu, nichtsdestoweniger ist sie wünschenswert. Bisher finden diese Modelle jedoch nur Akzeptanz bei umweltorientierten und anspruchsvollen Verbrauchern.

Der Elektro- oder Erdgasantrieb

Bei alternativen Konzepten oder technischen Lösungen sind Verbraucher erfahrungsgemäß vorsichtig. Wer viel Geld ausgeben muss, setzt lieber auf bewährtes - den klassischen Kolbenmotor. Die dafür notwendigen Kraftstoffe Benzin und Diesel ist weltweit ausreichend und gut verfügbar. Fortschritte in der Motorentechnik gab es im wesentlichen nur beim Dieselmotor, z.B. durch Einführung direkt einspritzender Konzepte. Gute Fahrleistungen bei niedrigen Verbräuchen sprechen für das Konzept. Selbst in größeren Fahrzeugen bleiben diese Vorteile erhalten. Bei Ottomotoren steht die Einführung direkteinspritzender Antriebe mit einer rund 10%igen Einsparmöglichkeit unmittelbar bevor.

Der große Durchbruch beim Motorwirkungsgrad wird auch dies nicht sein, da selbst weitentwickelte Konzepte bei den Dieselantrieben heute bestenfalls 40 Prozent Gesamtwirkungsgrad des eingesetzten Treibstoffes erreichen. Viel zu wenig im Vergleich zum Wirkungsgrad beim Elektroantrieb. Trotzdem gab es keinen sensationellen Durchbruch des Elektroantriebes, obwohl die Vorzüge, z.B. Nullemission, bekannt sind. Umgekehrt existierten für den Verbraucher zu viele Nachteile; z.B. ist die gesamtenergetische Kette durchaus noch problematisch einzustufen und die Batterien mit geringer Speicherleistung sind vergleichsweise teuer. Dabei hatten diese Fahrzeuge bereits um die letzte Jahrhundertwende fast den gleichen technischen Standard erreicht wie heute.

Eine günstigere Alternative stellt der Erdgasmotor dar, mit sehr gutem Abgasverhalten, aber ebenfalls mit einem mäßigen Wirkungsgrad. Erdgas ist weltweit verfügbar, wird jedoch noch nicht flächendeckend an den Tankstellen bereitgestellt. Wie sensibel Verbraucher auf Einschränkungen reagieren, zeigt das Beispiel der Unterbringung des Treibstoffs; die Erdgasflasche verbrauchen viel Platz und wirken störend im Kofferraum - und schon hat das Fahrzeug kaum eine Chance auf dem Markt.

Ob sich Hybridantriebe als weitere Alternative durchsetzen, hängt letztendlich vom Verkaufspreis ab. Konzepte, bei denen in Langsamfahrt der Elektromotor den Antrieb übernimmt und bei hohem Leistungsbedarf beide Motoren zusammen geschaltet funktionieren, sind technisch weit entwickelt, jedoch noch nicht im Handel erhältlich. Vorteilhaft sind auch hier die Nullemission beim Elektroantrieb, kombiniert mit einer großen Reichweite mit dem schadstoffarmen Verbrennungsmotor durch flächendeckende Bereitstellung der konventionellen Treibstoffe. 50 Prozent der Fahrten enden heute nach 5000 Metern. Hier könnte ein kleines, günstiges Elektrokonzept wirklich Energieeinsparung leisten. Alternative Konzepte sollten bei Auftauchen einer neuen Technologie nicht gleich aus dem Blickfeld entschwinden. Das gilt schon gar nicht für die zukunftsträchtige Brennstoffzelle. Hier besteht noch ein großes Entwicklungspotential.

Entwicklung der Brennstoffzelle

Im Jahre 1998 haben die Unternehmen Daimler Benz und Chrysler viele Milliarden DM in die Forschung und Entwicklung des Brennstoffzellenantriebes investiert. Waren die ersten Antriebskonzepte nur in einem Reisebus unterzubringen, passte der Antrieb Mitte der 90er Jahre schon in einen Kleinbus. Heute sind die Bauelemente in einem zweisitzigem Kompakt-Pkw gut unterzubringen.

Überzeugend ist für den Verbraucher die relativ gute Antriebsleistung. Bezüglich der Reichweite liegen mehrere Konzepte vor, da eine Brennstoffzelle auf Grund der Reformertechnologie entweder mit Methanol, mit Ethanol, mit Erdgas oder mit konventionellen Kraftstoffen betrieben werden könnte. Die notwendige Infrastruktur ist in Form eines Tankstellennetzes vorhanden. Wird zusätzlich Wasserstoff aus regenerativen Energien eingesetzt, erhält man ein gesamtes ökologisches Konzept. Für die Weiterentwicklung der Brennstoffzelle sollte durchaus auch die Gewinnung von Wasserstoff durch Solarenergie in Betracht gezogen werden, dies ist z.Z. nur in Versuchsanlagen verfügbar.

Die Treibstoffversorgung und die Kostenfrage

Brennstoffzellen wurden in der Vergangenheit vorwiegend in der Weltraumfahrt eingesetzt. Für solche Vorhaben stehen natürlich weder die Probleme der Kundenakzeptanz, der Massenproduktion noch Kostenprobleme im Vordergrund. Wenn jedoch ab dem Jahre 2004 tatsächlich, wie zugesagt, Brennstoffzellen-Pkw´s für jedermann verfügbar sein werden, muss bis dahin ein flächendekkendes Tankstellennetz aufgebaut werden. Die erste Wasserstofftankanlage wurde in diesem Jahr vorgestellt. Für die Einführungsphase wären die konventionellen Wasserstoffträger gut verfügbar. Die komplexere Brennstoffzellen-/Reformertechnik müsste vom Verbraucher, auch aus Sicht der Kosten, akzeptiert werden. Dies ist gleichzeitig der entscheidende Faktor. Bleibt der Brennstoffzellenantrieb, wie der Hybridantrieb, eine teure Alternative, wird er nicht vom Markt akzeptiert und kann demnach keinen Beitrag zur Umweltentlastung leisten. Konventionelle Hubkolbenmotoren mit dem aufgezeigten Verbesserungspotential haben infolge automatisierter Herstellung und Plattform- und Modultechnik größere Chancen zur Kostenabsenkung als „handgefertigte" Brennstoffzellenmodelle. Die Chrysler Kooperation berichtet von einem großen Off-Roader, dem „Jeep Commmander". Um auch dem bei der Brennstoffzelle vorhandenem Gewichtsproblem zu begegnen, wird der Aufbau aus leichtem Kohlefasermaterial gefertigt und damit insgesamt um 40 Prozent erleichtert. Bei dem 950 kg schweren Antrieb wiegt das Gesamtfahrzeug 2,2 t. Die Herstellung des Kohlefasermaterials und dessen Verarbeitungsprobleme bei der Massenproduktion tragen jedoch nicht zu einer positiven ökologischen Beurteilung dieses Fahrzeuges bei.

Bei Betrachtung der verschiedenen Antriebe muss einem immer wieder bewusst werden, dass kein Antrieb je absolut umweltfreundlich sein wird. Wir werden die Mobilität in einer Industrienation nicht mit dem Fahrrad darstellen können. Das Konzept eines Windmobils von Roberto Valturio aus dem Jahre 1492 hätte eine Chance gehabt, einen Beitrag zur nachhaltigen Entwicklung zu leisten. Es hat jedoch nie funktioniert.

„Ich meine, wir sollten alles versuchen, um die Mobilität unserer Mitmenschen zu erhalten. Der PKW wird uns als Träger der Mobilität überhaupt erhalten bleiben. Aber wir müssen dafür sorgen, dass er uns auch in umweltbezogenen Imagefragen etwas besser unterstützt".

Bibliographie

Bayer, Staatsregierung 1990: Bericht der Bayerischen Staatsregierung – Umweltpolitik in Bayern

Bundesministerium für Verkehr: Berichte, Bonn

Enquete-Kommission Schutz der Erdatmosphäre des 12. Bundestages 1994: Mobilität und Klima, Wege zu einer klimaverträglichen Verkehrspolitik, Economica-Verlag, Bonn

Enquete-Kommission Schutz des Menschen und der Umwelt des 13. Deutschen Bundestages 1997: Konzept nachhaltig-fundamente für die Gesellschaft von Morgen, Bonn

Bundesministerium für Naturschutz, Umwelt und Reaktorsicherheit 1992: Umwelt-Konferenz der Vereinten Nationen für Umwelt und Entwicklung im Juli 1992 in Rio de Janeiro, Dokumente Agenda 21, Bonn, BMU

Umweltbundesamt Berlin 1997: Nachhaltiges Deutschland, Wege zu einer dauerhaften Umweltgerechten Entwicklung, Erich Schmidt-Verlag, Berlin

Umweltbundesamt, Jahresberichte des UBA 1982-1996

Verein Deutscher Ingenieure 1996: VDI-Berichte Nr. 1330 Umwelt und Klimabeeinflussung durch den Menschen

Wissenschaftlicher Beirat der Bundesregierung: Globale Umweltveränderung (WBGO) 1993, Welt im Wandel: Konstruktur globaler Mensch/Umweltbeziehung, Jahresgutachten, Economica-Verlag, Bonn

Institut IFEU, Heidelberg

Earl Cook, The Flow of Energy in an Industrial Society, Scientific American

Fahrzeughersteller Smart

Axel Friedrich

Umweltbundesamt

Die Zukunft des Verbrennungsmotors – Brennstoffzelle als Alternative?

Es muss zu Beginn die Frage gestellt werden, warum alternative Antriebe eingesetzt werden sollen. In welchem Bereich können sie Verbesserungen gegenüber den heute eingesetzten Antriebsarten, Otto- und Dieselmotor, erbringen? Dazu muss man sich die von den Befürwortern vorgebrachten Argumente näher ansehen.

Lokale Schadstoffreiheit

Immer wieder wird als zentraler Vorteil für Elektro- und Brennstoffzellenfahrzeuge die lokale Schadstoffreiheit angeführt. Auf den ersten Blick hat dieser Vorteil einen gewissen Reiz. Da Schadstoffe gefährlich sind, erscheint es logisch, dass eine Nullemission die richtige Lösung ist. Dabei werden auch immer die Regelungen des amerikanischen Bundesstaates Kalifornien zitiert.

Diese Regelungen haben einen anderen historischen Hintergrund als die Forderungen hier in Europa. Die Anforderungen des kalifornischen Gesetzgebers haben die Entwicklung von verbesserten Ottomotorantrieben mit deutlich geringeren Schadstoffemissionen und der sogenannten reformulierten Kraftstoffe, die weniger Schadstoffe entstehen lassen, vorangetrieben.

Zur Prüfung der Notwendigkeit des Einsatzes von Fahrzeugen mit lokaler Nullemission, müssen Umweltqualitätsziele abgeleitet werden. Diese Ziele müssen so definiert werden, dass weder Menschen noch Natur durch die Abgasemissionen der Autos nach heutigem Kenntnisstand Schaden nehmen. Dabei muss zwischen Schadstoffen unterschieden werden, die in der Natur in relativ kurzer Zeit abgebaut werden und nicht bioakkumulieren und solchen, die schwer bzw. nicht abbaubar sind und sich über die Nahrungskette anreichern. Zu der letzteren Kategorie gehören z.B. Blei oder Dioxine, während Kohlenmonoxid, Kohlenwasserstoffe oder Stickoxide durch chemische Prozesse abgebaut werden. Als Zielwert muss deshalb ein Maximum der Emissionen errechnet werden, das so gering ist, dass die schädlichen Immissionswerte unterschritten werden. Diese Forderung sieht auf den ersten Blick sehr einfach aus. Da aber eine Reihe dieser chemischen Prozesse sehr kompliziert und vor allem nicht linear ablaufen, ist die Ableitung dieser Qualitätsziele alles andere als einfach.

Auf der Basis von Modellrechnungen hat das Umweltbundesamt für die Kohlenwasserstoffemissionen eine Minderung von mindestens 80 Prozent und für Stickoxide von 70 bis 80 Prozent, verglichen mit den Emissionen des Jahres 1990, ermittelt. Für Benzol beträgt die erforderliche Minderung 90 Prozent. Durch die Verabschiedung der EURO IV Abgasgrenzwerte für Pkw und der verbesserten Benzinkraftstoffqualität ist für die Flotte der Benzinfahrzeuge zu erwarten, dass die Schadstoffemissionen in diesem Bereich, trotz weiter steigender Fahrleistungen, so weit absinken, dass dieses Ziel um das Jahr 2008 erreicht werden wird. Für Dieselfahrzeuge ist allerdings eine weitere Grenzwertstufe notwendig, um die Schadstoffgrenzwerte auf das Niveau der Benzinfahrzeuge zu bringen. Außerdem bedarf es bei dieser Fahrzeugkategorie noch einer drastischen Reduktion der Partikelemissionen, die nach Ansicht des Umweltbundesamtes nur mit Rußfiltern zu erreichen ist. Neuere Untersuchungen zeigen, dass sich durch Rußfilter eine 99-prozentige Reduktion des Partikelausstoßes erreichen lässt. Die Stickoxidemissionen von Dieselmotoren können durch moderne Abgasrückführungssysteme und Entstickungskatalysatoren, sogenannte $DeNO_x$ Katalysatoren, um mehr als 90 Prozent verringert werden. Die Mehrkosten für ein solches System von Rußfilter, Abgasrückführung und $DeNO_x$ Katalysator belaufen sich für ein Mittelklassefahrzeug auf 300,- bis 500,- DM. Für die Einhaltung der EURO IV Norm ist für ein Mittelklasse Pkw mit Ottomotor mit Mehrkosten von 30,- bis 50,- DM im Vergleich zu einem EURO II-Fahrzeug zu rechnen.

Sollte sich eine weitere Verbesserung aus Umweltsicht als notwendig erweisen, sind mit relativ geringen Mehrkosten weitere Absenkungen der Schadstoffemissionen möglich.

Die genannten Mehrkosten sind mit denen für ein Elektro- bzw. Brennstoffzellenfahrzeug zu vergleichen. Es ist nach heutigem Kenntnisstand davon auszugehen, dass die alternativen Antriebe auch in Zukunft erheblich höhere Kostenbelastungen verursachen werden. So ist für ein Brennstoffzellenfahrzeug optimistisch gesehen von Mehrkosten in Höhe von 5000,- DM auszugehen.

Einsatz von regenerativen Energien im Verkehrsbereich

Aus Sicht des Umweltbundesamtes muss langfristig die Energie regenerativ gewonnen werden. Es wird oft davon gesprochen, dass die Erdölvorräte in nächster Zukunft zu Neige gehen. Wenn dies zuträfe, wäre die Umstellung auf regenerative Energiegewinnung ein Selbstläufer. Leider ist die Annahme nicht korrekt. Die Vorräte fossiler Treibstoffe reichen wesentlich länger, als in der Vergangenheit vorausgesagt wurde. Es ist zur Zeit nicht zu erkennen, dass aus Ressourcenschutzgründen ein massiver Umstieg in Richtung regenerativer Energien angegangen würde. Aber auch bei erneuerbaren Energien muss man heute zuerst vergleichen, ob nicht Einsparungen zu einem größerem Schutz der Ressourcen führen als die Verwendung von regenerativen Energien. So ist zum Beispiel der Einsatz von Rapsölmethylester als Treibstoff, um eine Kohlendioxidemissionsminderung zu erreichen, ca. 30-fach teurer als Energieeinsparmaßnahmen an Fahrzeugen. Oder umgekehrt ausgedrückt, verwendet man Rapsölmethylester, anstelle Energieeinsparmaßnahmen umzusetzen, sind mit dem gleichen Mitteleinsatz 30-mal weniger CO_2 Emissionen zu mindern. Erst wenn man so viel Energie eingespart hätte, dass weitere Einsparungen ebensoviel oder mehr kosten als der Einsatz von Rapsölmethylester, wäre aus Umweltsicht ein Einsatz dieses Treibstoffes gerechtfertigt.

Lebenswegbilanzierung als Bewertungsgrundlage

Zum Vergleich von Alternativen gilt es, eine Ökobilanz zu erstellen - eine normierte Bilanz, die von jedem akzeptiert wird. Das Umweltbundesamt hat es geschafft, nach langen Diskussionen im Verkehrsbereich, eine gemeinsame Grundlage zur Berechnung der Emission des Verkehrs zu finden. Inzwischen existiert ein Modell, das von der Autoindustrie, der Ölindustrie und der Deutschen Bahn benutzt wird. Zur Zeit wird das Instrumentarium der Emissionsbilanz über den gesamten Lebensweg entwickelt - dementsprechend wird die Herstellung, Nutzung und Entsorgung eines jeweiligen Produktes einbezogen. Das Umweltbundesamt versucht gerade mit den Herstellern eine Einigung zu erzielen. Dies ist ausgesprochen schwierig, da es sich bei dieser Gruppe um einen Personenkreis handelt, der mit den klassischen Kontaktflächen des Umweltbundesamtes bisher nicht ganz übereinstimmt.

Betrachtet man beispielsweise den Einsatz von Rapsölmethylester in einer Ökobilanz, so muss auch der Anbau des Rapses, die Ölgewinnung, die Herstellung des Methanols, die Veresterung sowie die Abfall- und Grundwasserbelastung mit einbezogen werden.

Bei regenerativ erzeugtem Wasserstoff aus Solarstrom müssen die Herstellung und Errichtung der Solaranlage, die Verteilung des Stromes, die Herstellung und Verteilung des Wasserstoffes, die Betankung des Fahrzeuges sowie die höheren Fahrzeuggewichte durch das höhere Tankgewicht mit in die Betrachtung gezogen werden. Bei der Verwendung von verflüssigtem Wasserstoff ist zwar das Tankgewicht niedriger, aber die energetischen Aufwendungen für die Verflüssigung und die täglichen Abdampfverluste lassen dieses Konzept ungünstig dastehen.

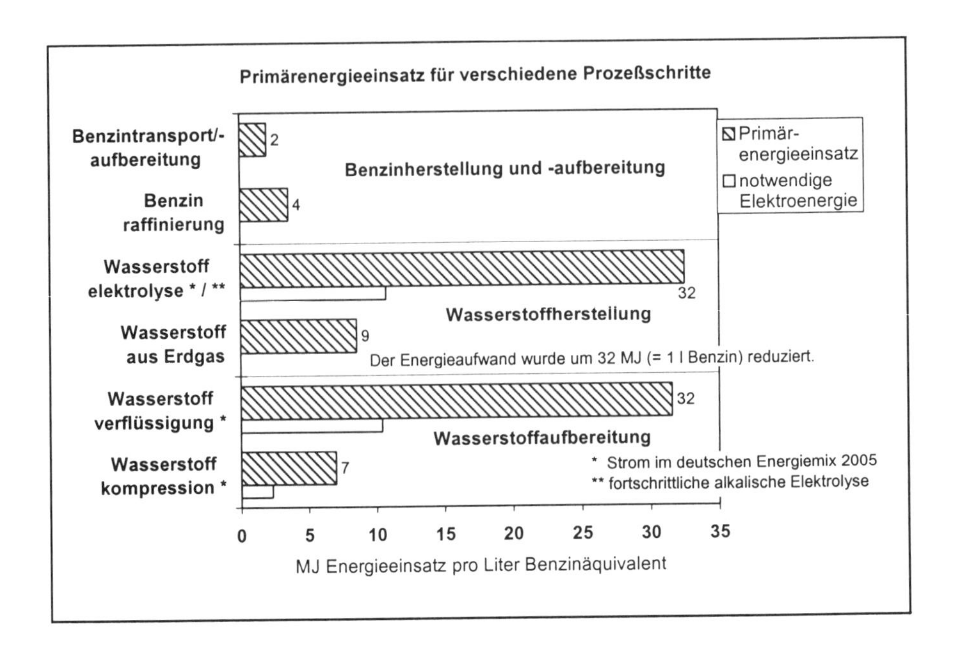

Abb. 1: Primärenergieeinsatz für verschiedene Prozessschritte (Quelle: Umweltbundesamt)

Falls in der Zukunft solar erzeugter Strom in ausreichender Menge zur Verfügung steht, ist es erheblich sinnvoller, ihn direkt als Ersatz für fossil erzeugten Strom einzusetzen, statt ihn unter Verlusten in Wasserstoff umzuwandeln. Auch wenn dieser Solarstrom in der Sahara hergestellt würde, ist der Transport mit Gleichstromkabeln effizienter als die Umwandlung in Wasserstoff mit anschließendem Transport des Energieträgers. Abschätzungen zeigen, dass der Anteil des solar erzeugten Stromes höher als 40 Prozent sein muss, bevor die Erzeugung von Wasserstoff aus dieser Energiequelle sinnvoll wäre. Falls solar erzeugter Wasserstoff zur Verfügung steht, sollte dieser den heute aus fossiler Energie, meist Erdgas, hergestellten Industriewasserstoff ersetzen.

Außerdem muss beachtet werden, an welcher Stelle ein regenerativ erzeugter Wasserstoff zu der größten Umweltentlastung führen kann. Unterstellt man, wie es von vielen vorausgesagt wird, dass 25 Prozent unseres Energiebedarfes durch solaren Wasserstoff gedeckt würde, so muss abgeschätzt werden, ob die CO_2 Minderung bei Verwendung im Haushalt, in der Industrie oder im Verkehrsbereich am höchsten wäre. Erste Berechnungen des Umweltbundesamtes zeigen, dass die Verwendung im Industriebereich etwa doppelt soviel CO_2 Emissionen ersetzen kann, als es bei der Verwendung im Verkehrsbereich der Fall wäre.

Lärmreduktion

Der Straßenverkehr verursacht große Lärmbelastungen der Menschen. Es gibt inzwischen Forschungsergebnisse im Auftrag des Umweltbundesamtes, die zeigen, dass das Herzinfarktrisiko bei einem Mittelungspegel von mehr als 65 dBA um 20 Prozent erhöht ist. Von den Befürwortern von Elektro- und Brennstoffzellenfahrzeugen wird deshalb auch die Geräuscharmut dieser Fahrzeugkonzepte hervorgehoben. Es ist richtig, dass ein Elektroantrieb weniger Motorengeräusche erzeugt als ein Verbrennungsmotor. Aber heute ist ab einer Geschwindigkeit von 40 km/h das Reifengeräusch dominierend. Hier liegen die eigentlichen Probleme. Es ist bekannt, dass bereits heute Reifen auf dem Markt sein könnten, die konstruktionsbedingt etwa 5 bis 7 dBA leiser wären. Neben der Reifenkonstruktion hängt die Geräuschentwicklung in diesem Bereich maßgeblich vom Fahrzeuggewicht ab. Je höher das Gewicht, um so höher auch die Geräuschemission. Konzeptionsbedingt ist das Gewicht von Elektro- und Brennstoffzellenfahrzeugen höher als das von Ottomotorfahrzeugen mit gleicher Leistung. Da die Lärmbelastung mit einer logarithmischen Skala angegeben wird, wäre auch bei niedrigen Geschwindigkeiten erst bei einem sehr hohen Anteil dieser Fahrzeuge mit einer nennenswerten Lärmreduktion im Straßenverkehr zu rechnen.

Versorgungssicherheit

Die Energieversorgung Deutschlands ist in hohen Maße von importierter Energie abhängig. Da diese Abhängigkeit in Krisenzeiten zu Risiken für die Volkswirtschaft führt, ist eine Verringerung dieser Abhängigkeit anzustreben. Deshalb wird dieses Argument auch von den Befürwortern von alternativen Energien angeführt.

Die beste Variante, um diese Abhängigkeit zu verringern, ist die Minderung des Kraftstoffverbrauchs.

Die Entwicklung der Ölpreise in der letzten Vergangenheit sind ein Beleg für diese These, da das Überangebot zum Teil durch eine Reduktion des Verbrauchs verursacht wurde.

Auch das Argument, solaren Wasserstoff in den Wüstenregionen herzustellen, ist mit dieser These nicht in Einklang zu bringen, da diese Gebiete auch die sind, in denen die größten Ölvorräte liegen.

Flächenverbrauch

Eine große Herausforderung ist der stetig wachsende Anteil des Verkehrs an der Gesamtfläche Deutschlands. Nur durch eine Veränderung des Verkehrsverhaltens kann dieser Entwicklung Einhalt geboten werden. Alternative Antriebe können dabei nicht helfen. Es muss eine Verlagerung auf die Verkehrssysteme geben, die einen geringeren Flächenverbrauch pro Transportleistung haben als der Straßenverkehr. Dies ist eindeutig der öffentliche Verkehr, insbesondere der Schienenverkehr. Es ist aber auch notwendig, die Verkehrsentstehung zu vermeiden. Dazu muss eine veränderte Siedlungs- und Ansiedlungspolitik betrieben werden, die diese Faktoren einbezieht.

Klimagasreduktion

Bei der Beurteilung der Klimagasauswirkung von alternativen Antrieben oder bestimmten Baukonzepten muss auch eine Lebenswegsbilanz erstellt werden. Dabei muss darauf geachtet werden, dass für den Vergleich einheitliche Randbedingungen gewählt werden. Dies gilt für die zeitliche Achse ebenso wie für die Gebrauchseigenschaften. Es ist nicht korrekt, Zukunftsprojekte von alternativen Antrieben mit heutigen Serienfahrzeugen zu vergleichen. Vielmehr müssen bei den konventionellen Antrieben die in den Entwicklungsabteilungen der Automobilindustrie vorhandenen Modelle für einen Vergleich herangezogen werden. Weiterhin ist es nicht sinnvoll, ein Fahrzeug mit alternativem Antrieb und geringer Motorleistung mit hochmotorisierten konventionellen Fahrzeugen zu vergleichen. Es ist klar, dass häufig solche Vergleichsmodelle nicht vorhanden sind, aber anhand von Simulationsrechnungen kann der Vergleich realitätsnäher gestaltet werden.

Auch darf es nicht zu einer Verlagerung der klimarelevanten Emissionen kommen. So wirkt sich die Fertigung von leichteren Autos in der Regel zwar günstig auf deren Kraftstoffverbrauch aus und bewirkt somit auch die geringere Freisetzung des klimarelevanten Kohlendioxids, andererseits erfolgt die Gewichtsreduktion im Automobilbau heutzutage primär durch den Einsatz von Aluminium und Magnesium. Betrachtet man die Klimagasemissionen, die mit der Erzeugung von Aluminium verbunden sind, muss man lange fahren, um wieder eine positive Bilanz zu erhalten. Je nach Hersteller kommt man auf 120.000, 140.000 oder sogar 160.000 km, die man zurücklegen muss, um die mit der Produktion verbundenen zusätzlichen Emissionen durch die verringerten Emissionen bei der Fahrzeugnutzung - in Folge der Gewichtsersparnis - wieder zu kompensieren. Die Gewinnung von Magnesium ist zudem noch mit der Freisetzung einiger anderer Klimagase, außer CO_2, verbunden.

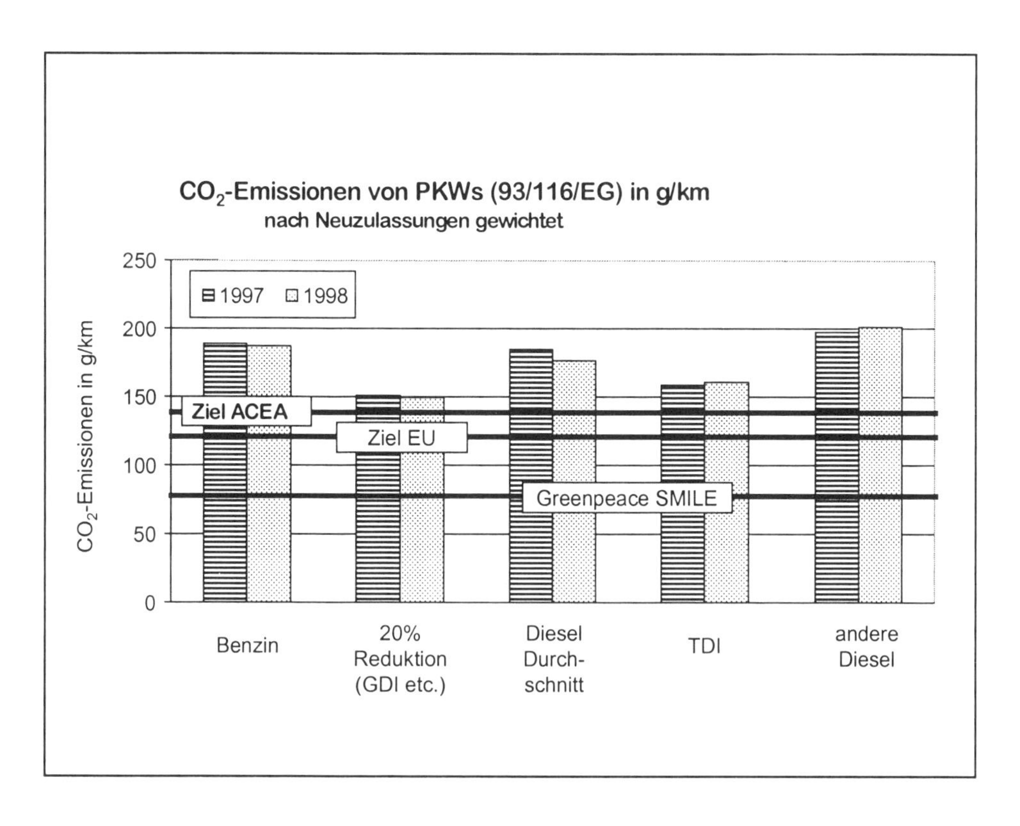

Abb. 2: CO_2-Emissionen von PKW´s
(Quelle: Umweltbundesamt)

Ökonomische Betrachtung

Zusätzlich ist nach Ansicht des Umweltbundesamtes immer auch die Angabe der ökonomischen Rahmenbedingungen mit zu berücksichtigen, da eine Beurteilung auf der Basis von Vermeidungskosten vorgenommen werden muss, um eine volkswirtschaftlich richtige Bilanz zu erstellen. Auf dieser Basis sieht das UBA für die Brennstoffzellen- und Elektrofahrzeuge in überschaubarer Zukunft keine sinnvolle Anwendung, die durch staatliche Unterstützung gefördert werden sollte. Zu berücksichtigen ist dabei auch, dass die Einführung eines neuen, alternativen Treibstoffes mit erheblichen Kosten für den Aufbau einer entsprechenden Betankungsinfrastruktur etc. verbunden ist. Wesentlich kosteneffizienter erscheint es, Fahrzeuge mit herkömmlichen Antrieben verbrauchsärmer zu bauen. Die Entwicklung des derzeitigen Automobilkonzeptes ist noch lange nicht abgeschlossen. Verbrauchsextensivere Prototypen bzw. Kleinserienmodelle sind vorhanden, so dass diese Beurteilung auf einer relativ gesicherten Datenbasis erfolgt.

Berechnung der Kosten-Nutzen-Verhältnisse für CO_2 durch Verbindung der • Zusatzkosten und der • Emissionsreduktion von neuen Antriebsvarianten im Vergleich zu einem heutigen EURO 2 Pkw			
Antriebsvariante **Kompakt-Pkw**	**Randbedingung**	**Mehrkosten für Antrieb und Energie gegenüber EURO II** (10 Jahre, 13.000 km/Jahr)	**CO_2-Vermeidungskosten**
sparsames ULEV	• **ULEV-Systemkosten: 58 DM/kW** • Energiekosten: 0,27 DM/l	**-23 %**	**-110 DM/Tonne**
B-Zelle-Methanol 180 DM/kW(Leistung$_{BZ}$)	• **B-Zelle: 100 DM/kW** • Energiekosten: 0,19 DM/l Methanol 0,17 DM/Nm^3 H2/Erdgas 0,96DM/Nm^3 H2/regenerativ	+95 %	420 DM/Tonne
B-Zelle-H_2-Erdgas 162 DM/kW(Leistung$_{BZ}$)		+78 %	280 DM/Tonne
B-Zelle-H_2-regenerativ 162 DM/kW(Leistung$_{BZ}$)		+233 %	500 DM/Tonne
B-Zelle-Methanol 119 DM/kW(Leistung$_{BZ}$)	• **B-Zelle: 42 DM/kW** • Energiekosten: 0,19 DM/l Methanol 0,17 DM/Nm^3 H2/Erdgas 0,96DM/Nm^3 H2/regenerativ	+43 %	190 DM/Tonne
B-Zelle-H_2-Erdgas 94 DM/kW(Leistung$_{BZ}$)		+26 %	90 DM/Tonne
B-Zelle-H_2-regenerativ 94 DM/kW(Leistung$_{BZ}$)		+181 %	390 DM/Tonne
B-Zelle-Methanol 109 DM/kW(Leistung$_{BZ}$)	• **B-Zelle: 32 DM/kW** • Energiekosten: 0,19 DM/l Methanol 0,17 DM/Nm^3 H2/Erdgas 0,96DM/Nm^3 H2/regenerativ	+34 %	150DM/Tonne
B-Zelle-H_2-Erdgas 84 DM/kW(Leistung$_{BZ}$)		+17 %	60 DM/Tonne
B-Zelle-H_2-regenerativ 84 DM/kW(Leistung$_{BZ}$)		+172 %	370 DM/Tonne
B-Zelle-Methanol 88 DM/kW(Leistung$_{BZ}$)	• **System: 88 DM/kW** • Energiekosten: 0,19 DM/l Methanol 0,17 DM/Nm^3 H2/Erdgas 0,96DM/Nm^3 H2/regenerativ	+12 %	50 DM/Tonne
B-Zelle-H_2-Erdgas 88 DM/kW(Leistung$_{BZ}$)		+11 %	40 DM/Tonne
B-Zelle-H_2-regenerativ 88 DM/kW(Leistung$_{BZ}$)		+166 %	360 DM/Tonne
• Systemkosten DM/kW(Leistung$_{BZ}$) auf die Brennstoffzellenleistung von 40 kW bezogen, beinhaltet Kosten aller Komponenten (Antrieb, Brennstoffzelle, etc.)			

Abb. 3: Analyse der Mehr- und CO_2-Vermeidungskosten für verschiedene Antriebssysteme unter Berücksichtigung der Antriebs- und Energiekosten unter wechselnden Randbedingungen
(Quelle: Umweltbundesamt)

Fazit

Das UBA hat kürzlich eine Analyse durchgeführt. Wenn der Verbrauch halbiert werden würde, würden die Erdölvorräte 250 Jahre länger reichen.

„In Anbetracht dieses Ergebnisses erscheint es legitim, nach den Alternativen zu fragen; danach, wofür (Forschungs-) Gelder ausgegeben werden sollten; danach, ob man lieber weniger Kraftstoff in heutigen Fahrzeugen verbraucht oder lieber in Hoffnungen investiert, die nicht erfüllbar sind? Unsere Hoffnung ist, dass wir schnell und drastisch den Verbrauch vermindern. Dann haben wir länger Zeit, um über Alternativen nachzudenken“.

Wolfgang Lohbeck, Günter Hubmann

Greenpeace

Die Brennstoffzelle aus der Sicht von Greenpeace

Einleitung

Es ist nicht vorrangig die Aufgabe der Industrie, auf die ökologische Nachhaltigkeit ihrer Produkte hinzuarbeiten – soweit Produkte überhaupt nachhaltig sein können. Hier muss die Politik Rahmenbedingungen für bestimmte Entwicklungen setzen. Dies gilt natürlich auch für die Autohersteller, obwohl - oder gerade weil - das Produkt Automobil fast schon in sich selbst im Widerspruch zum Prinzip der Nachhaltigkeit steht.

Die Problematik rund um das Auto ist vielfältig: die Emissionen von CO_2 und anderen Abgasen, der Flächen- und Ressourcenverbrauch, dazu Lärm, Verkehrsunfälle und Entsorgung.

Im Gegensatz zu den meisten anderen Produkten entsteht beim Auto der größte Anteil der Umweltzerstörung nicht bei der Herstellung, sondern durch die Nutzung. Auch aus dieser Tatsache ergibt sich, dass aus dem Produkt Auto eine besondere Verantwortung erwächst. Das gilt zwar auch für die Hersteller, in erster Linie aber für die Politik.

Ein besonderer Verantwortungsbereich ist, abgesehen vom Produkt selbst, die Beeinflussung des Konsumentenverhaltens, denn gerade hier könnten Autoindustrie und Politik einiges bewirken. So muss sich zum Beispiel, und zwar vordringlich, das Produktangebot massiv ändern. Eines der wichtigsten Ziele technischer Innovation am Kraftfahrzeug muss sein, dass z.B. ein Mittelklassewagen, und auch die Neuwagenflotte insgesamt, langfristig nicht mehr als etwa drei bis vier Liter auf 100 km verbraucht. Dies setzt voraus:

- Konsequente Optimierung der Verbrennungsmotoren sowie anderer Komponenten des Antriebsstrangs,
- drastische Gewichtsreduzierung - es ist nicht und kann niemals nachhaltig sein, mehr als eine Tonne in Bewegung zu setzen, um im Schnitt 100 kg zu transportieren -,
- Schadstoffemissionsreduzierung - unter anderem müssen Dieselkraftfahrzeuge die gleichen Standards erfüllen wie Benziner - sowie
- Minimierung der Rohstoffe in der gesamten Herstellungskette und möglichst hundertprozentige Wiederverwertung.

Schnellstmöglich sollten alle technischen Innovationen umgesetzt werden, welche die insgesamt notwendigen Ressourcen - und die gesamtwirtschaftlichen Kosten - minimieren können. Herkömmliche Marketing- und Werbestrategien der Autoindustrie stehen dem Ziel der Nachhaltigkeit im Wege. Die Probleme in Verbindung mit dem Automobil werden aus dem öffentlichen Bewußtsein verdrängt. Marketing und Werbung haben in Symbiose mit Kunden und Kundenwünschen eine Wechselwirkung. Zudem ist das Bewußtsein, auch im direkten Zusammenhang mit der Einstellung zum Auto, ein gesamtgesellschaftliches Phänomen und nicht auf die Werbung und das Marketing der Autoindustrie begrenzt. Dennoch erwächst gerade aus diesem Sektor sowohl für die Industrie wie auch für die zuständigen Ressorts der Politik, eine ganz spezielle Verantwortung. Technologische Entwicklung und Spezialisierung, einschließlich der Segmentierung der Arbeitsbereiche, haben dazu geführt, dass „der Abstand einer ahnungs- und machtlosen gesellschaftlichen Mehrheit von den ‚global players' und einer Expertenminderheit, die allein zur Überwachung der Super-Technologien imstande ist, unaufhörlich wächst" und dass „der Irrglaube an die Unfehlbarkeit der technischen Systeme und ihrer Kontrolleure sich zu einer wahnartigen Verblendung entwickelt" (Richter, 1998, S.204). Verstärkt wird dieser Zustand durch „Werbung, die die Manipulation unbewußter Wünsche bis zur Virtuosität entwickelt hat" (Richter, 1998, S.10).

In der „Zeit" schrieb der Journalist Manfred Kriener: „Zusätzlich treiben Geländewagen die Verbrauchskurven nach oben. Die gerne als Fun-Autos bezeichneten Modelle sind nicht nur tonnenschwer, sie schneiden auch im Windkanal extrem schlecht ab: Elefanten auf Rädern. Dafür verfügen sie nicht selten über bedrohlich anmutende Rammstangen und erfüllen so infantile Wünsche von der uneinnehmbaren Ritterburg" (Kriener, 1998, S.23). Ohne dass dies dem Betrachter bewußt sein muss, werden in der Werbung Männlichkeit oder Statussymbole mit dem Produkt Auto verbunden. Die Werbung kann die Selbstwahrnehmung des Einzelnen mißbrauchen und den damit verbundenen Wunsch, sich mit einem bestimmten gesellschaftlichen Wert zu identifizieren, um bestimmte Eigenschaften eines Fahrzeuges anzupreisen. Der Kunde kauft einen Sechszylinder-Motor nicht unbedingt, weil er glaubt, dass das ein „guter" oder wirtschaftlicher Antrieb ist, sondern weil er damit seine eigenen Attribute, seien es Männlichkeit oder gesellschaftlicher Status, herausstellen will. Deshalb müßte die Autoindustrie in Werbung und Öffentlichkeitsarbeit folgendes tun:

- Öffentliches Verantwortungsbewußtsein schaffen - dies steht nicht im Widerspruch zur Emotionalität des Fahrzeugkaufs,

- Verkehrspolitik positiv mitgestalten – beispielsweise durch positive Darstellung von Geschwindigkeitsbegrenzungen und Schadstofflimitierungen,

- Verbrauch, CO_2- und andere Schadstoffemissionen in der Werbung und beim Auszeichnen der Fahrzeuge unübersehbar bekannt geben sowie
- relevante Informationen für die Verkehrssicherheit im öffentlichen Bewußtsein verankern, beispielsweise die Faktoren Fahrzeuggewicht und Fahrzeuggeschwindigkeit und deren Einfluss bei Unfällen.

Die Autoindustrie hat in unserer Gesellschafts- und Wirtschaftstruktur nicht die Aufgabe, aktiv Umweltschutz zu betreiben. Ziel sollte es jedoch sein, gemeinsam mit Umweltorganisationen und Bürgern auf Rahmenbedingungen für eine nachhaltigere Produktpalette hinzuwirken. In Gegensatz dazu wirkt die Autoindustrie mittels der Werbeinhalte aber oft kontraproduktiv gegen alle oben erwähnten Ziele einer verantwortungsvollen Mobilitätsgestaltung und versucht darüber hinaus, sich aus ihrem Teil der Verantwortung zu ziehen. Hinzu kommt eine gezielte Verwirrung der Öffentlichkeit durch das Angebot von „Scheinlösungen” wie das nachfolgend angesprochene Thema des „Wasserstoffautos” illustriert.

Wasserstoff - die Vermarktung einer Illusion

Ja, es ist richtig: wir müssen weg von den fossilen Brennstoffen, und das gilt langfristig für alle Bereiche, ob im stationären Einsatz oder als Treibstoff im Verkehrssektor. Diese Feststellung ist auch dann richtig, wenn damit ein (nicht vorhandener) breiter Konsens zwischen der einschlägigen Industrielobby und Greenpeace vorgetäuscht werden soll und wenn sie (wie meistens) falsch mit der begrenzten zeitlichen Reichweite der fossilen Ressourcen begründet wird. Die begrenzte Reichweite ist zwar zutreffend, und auch der Zeitrahmen ist kurz genug, egal ob von fünfzig, hundert oder zweihundert Jahren die Rede ist. Allerdings ist es gar nicht das begrenzte Vorkommen von Öl, Kohle und Gas, das ihre Verwendung limitiert, sondern ein ganzer anderer Faktor. Die Zuständigen in der Mineralöl- und Energiewirtschaft scheinen sich noch nicht so recht im klaren darüber zu sein, aber die Frist für die mögliche Nutzung fossiler Ressourcen ist sehr viel knapper. Limitiert wird sie durch die inzwischen unbestrittenen Prognosen der Klimawissenschaftler: Nur noch ein Viertel der vorhandenen fossilen Brennstoffe darf benutzt werden, wenn wir die weltweit maximal tolerierbare mittlere Erhöhung der Temperatur (um ca. ein Grad Celsius) nicht überschreiten wollen. Nicht das bloße Vorhandensein und die Menge dieser Rohstoffe wird damit für uns zur Richtschnur des Handelns, sondern das Phänomen des „Global Warming“ und die sich daraus ableitende Begrenzung der noch zulässigen CO_2-Emissionen. Die Gemeinsamkeiten zwischen Mineralölwirtschaft, Autoherstellern oder der Wasserstofflobby einerseits und Greenpeace andererseits sind also gering. Bereits die Begründung, warum und in welchem Zeitraum wir uns von den fossilen Brennstoffen verabschieden müssen, fällt um den Faktor 4 unterschiedlich aus.

Tiefgreifend sind auch die Unterschiede bei der Bewertung der Pfade, die für die Zukunft beschritten werden müssen, und dies gilt insbesondere für den Verkehrsbereich.

Die Schlagworte „Wasserstoff" und „Brennstoffzelle" erfreuen sich in der breiten Öffentlichkeit eines ausgesprochenen Positiv-Images. Dies geht zurück auf die unbestreitbare Tatsache, dass Wasserstoff tatsächlich kein fossiler Brennstoff ist und zum - unter Umweltgesichtspunkten - denkbar günstigsten „Abfallprodukt" verbrennt: Wasser. Wer diese beiden Tatsachen als solche in den Raum stellt, kann sich breiter Zustimmung sicher sein. Genau dieser Effekt wird von den Protagonisten der Wasserstoffwirtschaft im allgemeinen und der Brennstoffzelle im besonderen weidlich ausgenutzt. Die Informationen über nahezu alles, was mit Herstellung, Umwandlung, Transport und Gesamteffizienz von Wasserstoff zusammenhängt, sind aber mehr als ungenügend, und eine Diskussion darüber wird in der Öffentlichkeit von der Wasserstoff-Lobby eher gemieden. Dies hat gute Gründe. Wer der Wasserstoff-Euphorie ein wenig auf den Grund geht, den befällt nicht nur Ernüchterung, sondern dem erschließt sich vor allem eine aus Visionen und Halbwahrheiten aufbereitete Werbekampagne der Interessengruppen.

Dominierend in der Wasserstoff-Diskussion ist schon seit einiger Zeit das Thema Brennstoffzelle. Es ist kein Zufall, dass dieses Thema nicht anhand des (durchaus sinnvollen) und denkbaren Einsatzes in verschiedenen stationären Anwendungen, von der kombinierten Kraft-Wärme-Erzeugung bis zum Betrieb kleinerer Elektrogeräte, diskutiert wird, sondern ausgerechnet am Thema Auto. Der Widerspruch zwischen der Einschätzung nahezu aller Experten, dass sich der Verkehrsbereich für den Einsatz der Brennstoffzelle von allen denkbaren Möglichkeiten am wenigsten eignet, und der PR-Arbeit der Autoindustrie, deutet daraufhin, dass letztere in der Diskussion um die Brennstoffzelle eine andere Taktik verfolgen und beabsichtigen, Verwirrung zu stiften.

Immer wieder wird der hohe Wirkungsgrad der Brennstoffzelle, allerdings nahezu ausschließlich reduziert auf die Betrachtung im Auto, diskutiert. Dieser Wirkungsgrad ist tatsächlich hoch, aber bei einer ganzheitlichen Sicht irrelevant. Natürlich muss die gesamte Kette inklusive der vorgelagerten Prozesse betrachtet werden. Zwar ist die Frage des Ausgangsmediums (z.B. Methanol oder Benzin) noch offen, aber zumindest mittelfristig spricht wegen der vorhandenen Infrastruktur vieles für eines dieser beiden Medien. Wieso jedoch soll es eigentlich sinnvoll sein, mehrere aufwendige Umwandlungsschritte vorzunehmen, um im Ergebnis aus einem energiedichten Medium einen Treibstoff herzustellen, der - volumetrisch - nur noch einen Bruchteil der Energiedichte beinhaltet? Da muss die Frage erlaubt sein, warum man Benzin oder Methan nicht direkt verbrennt? An dieser Stelle kommt von den Befürwortern das Argument von der regenerativen Erzeugung des Wasserstoffs. Auch hier gilt aber der Grundsatz, dass elektrischer Strom eine sehr edle Energie ist, die nicht verschleudert werden darf. Unabhängig davon, ob der Strom aus fossilen oder regenerativen Quellen stammt, er muss da eingesetzt werden, wo er am wirkungsvollsten fossile Energien ersetzt. Die Herstellung von Wasserstoff aus Strom dagegen ist eine der effektivsten Strategien zur Energievernichtung unabhängig davon, ob fossil oder regenerativ. Und daran wird sich im Grundsatz nichts ändern, wenn es nicht völlig neue und derzeit noch gänzlich unbekannte Methoden zur Herstellung von Wasserstoff geben sollte.

Es hängt also alles an der Frage: „Wo kommt der Wasserstoff her?" Und da helfen nicht „Visionen" weiter, sondern nur die sachliche Betrachtung der Fakten. Anstatt aus wertvollem Strom Wasserstoff zu erzeugen, zu transportieren und schließlich zu verbrennen, wäre es effizienter, würde der Umwelt erheblich mehr CO_2 ersparen und wäre daher in einer Gesamtrechnung auch ökonomisch sinnvoller, mit diesem Schritt fossile Kraftwerke direkt zu ersetzen. Es ist offensichtlich, dass eine solche Strategie, obschon sinnvoller, sehr viel weniger attraktiv zu vermarkten ist als eine PEM-Brennstoffzelle in einem Nobel-Pkw. Es gibt derzeit kaum einen Experten - inklusive derer in der Pkw-Branche selbst - der nicht, solange keine Kameras oder Mikrofone in der Nähe sind, einräumt, dass die Verwendung der Brennstoffzelle im Autobereich eine eher fernliegende und nach derzeitigem Kenntnisstand wenig sinnvolle Alternative ist. Aber mit dem Einsatz im Auto lassen sich nicht nur Emotionen, sondern auch öffentliche Fördergelder leichter mobilisieren, als mit langweiligeren Anwendungsgebieten wie dem Einsatz als Wärme-Kraft-Koppelung in einem Blockheizkraftwerk.

Noch etwas anderes gilt es im Zusammenhang mit der etwas gekünstelten Wasserstoff-Euphorie festzuhalten. Die bekanntesten Wasserstoff-Protagonisten sind, abgesehen von den Stromversorgern, die Autokonzerne, hier hervorzuheben DaimlerChrysler, und die Mineralölwirtschaft. Es ist zumindest verwunderlich, gerade von dieser Seite so nachdrückliche Statements in Richtung „weg vom Öl" zu hören. Soweit es um die Elektrokonzerne geht, liegt zumindest ein Interesse auf der Hand. Es ist sehr praktisch, eine „Senke", noch dazu eine, die den Vorteil der hohen öffentlichen Akzeptanz und des Innovations-Images aufweist, zu haben, die überflüssige Kraftwerkskapazitäten auslasten könnte. Mit überflüssigem Strom Wasserstoff herzustellen, ließe sich durchaus als umweltfreundliche und in die Zukunft gerichtete „weg vom Öl" Aktivität vermarkten. Bei den Autokonzernen fällt auf, dass die Sprüche von der gleichen Industrie kommen, die es fertig gebracht haben, über einen Zeitraum von dreißig Jahren den Spritverbrauch ihrer Autos auf einem nahezu unverändert hohen Level (derzeit etwa neun Liter auf 100 km) zu halten. Die Autobauer hatten es immerhin geschafft, Themen wie Verbrauch oder Klimarelevanz noch bis vor kurzem weitestgehend zu verdrängen. Die Autowerbung spricht bekanntlich eine andere Sprache als eine sachlich aufklärerische, und der Verbrauch der Autos wird de facto nicht thematisiert. Im Gegenteil: Die Autoindustrie hat es verstanden, die Verbrauchsdiskussion gezielt in eine Sackgasse, nämlich die um das „3-Liter-Auto" zu lenken; eine Sackgasse, die für die breite Modellpalette folgenlos ist und die in dieser Form die denkbar geringsten Konsequenzen für die Automobilindustrie und die Autoflotte als ganzes hat. Nicht Greenpeace allein, aber Greenpeace hat am konkretesten gezeigt, dass schon heute ohne großen Forschungsaufwand oder technische Klimmzüge in neue exotische Materialien die Technik bereitsteht, den Benzinverbrauch der Autos, und zwar aller, auf die Hälfte zu senken. Dass diese Technik existiert und belastbar ist, wird inzwischen von niemandem mehr bestritten und neuerdings sogar (Audi, November 1998), wenn auch hinter verschlossenen Türen, von großen Konzernen intern auf der „langen Bank" weiterverfolgt.

Natürlich spricht nichts dagegen, Forschungsfelder zu bearbeiten und sich auch speziell des möglichen zukünftigen Brennstoffes Wasserstoff anzunehmen. Aber hierbei sollte man drei Dinge beherzigen:

Man sollte aufhören, mit der Diskussion um die Brennstoffzelle die Frage der Lösungsansätze für unsere Probleme hier und jetzt zu vernebeln; z.B. sollte man die Ansätze zur Senkung des hohen Benzinverbrauches von Forschungsansätzen und „Potentialen", die sich, wenn überhaupt, in Jahrzehntefrist realisieren lassen, trennen. Dies erzeugt beim breiten Publikum den Eindruck, Wasserstoff und Brennstoffzelle seien als „Lösungsansätze" mit anderen jetzt verfügbaren Techniken (z.B. der von Greenpeace vorgestellten SmILE-Technologie) gleichwertig. Damit soll erst einmal von der Verantwortung der Autoindustrie für die Reduzierung des Benzinverbrauchs abgelenkt werden.

Man sollte das Engagement der Automobilindustrie bei der Brennstoffzelle offen darstellen, als Forschungsaktivitäten mit ungewissen Erfolgsaussichten. Während die Automobilindustrie darauf große Hoffnungen setzt, sehen wir die Perspektiven beim Einsatz im Auto wenig erfolgversprechend.

Gleichzeitig müssen aber diejenigen Techniken zur Verbrauchsminderung genutzt werden, die bereits heute bestehen. Möglich ist dies zu geringen Kosten und mit einem Effekt (was die CO_2-Einsparung angeht), der schon jetzt höher ist als die Berechnungen von DaimlerChrysler für die Brennstoffzelle in 10 oder 15 Jahren. Wer über Potentiale redet, die zu astronomischen Kosten vielleicht in 10 Jahren verwendungsreif sind, wäre glaubwürdiger, wenn er die Potentiale nutzt, die jetzt schon verfügbar sind.

Man sollte die Diskussion um Wasserstoff und Brennstoffzelle auf den Feldern führen, wo sie noch am ehesten zielführend ist, und das ist nicht der Verkehrsbereich, sondern das sind stationäre Anwendungen. Das wäre mühsamer, zwar mit weniger PR-Begleitmusik verbunden, aber ehrlicher.

Auf die oft gestellte Frage, womit denn Autos in zwanzig oder dreißig Jahren angetrieben werden sollen, wenn doch „wir alle" vom Öl wegkommen wollen, gibt es derzeit nur eine Antwort: Wir wissen es nicht. Auf falsch gestellte Fragen lassen sich keine präzisen Antworten geben. Auch wenn sich abzeichnet, dass die „fossile fuels" in stationären Anwendungsbereichen tatsächlich durch andere regenerative Energiequellen, und zum kleinen Teil durch Wasserstoff, verdrängt und schließlich ersetzt werden, ist der Verkehrsbereich nach heutigem Erkenntnisstand der letzte Bereich, wo es um den „Ersatz" fossiler Brennstoffe, z.B. durch Wasserstoff oder durch regenerativ gewonnene Elektrizität, gehen wird. Denn hier ist das Vermeidungspotential am geringsten und am teuersten. Für den Verkehrsbereich stehen uns, und darauf gilt es sich zu konzentrieren, schneller wirksame, ökonomisch sinnvollere und bezüglich CO_2-Vermeidung weit effektivere Techniken zur Verfügung. Diese gilt es sofort einzusetzen, verbunden mit dem längst überfälligen Einstieg in eine Entwicklung „weg vom – heutigen - motorisierten Individualverkehr“. Dieser Weg: „Ersatz der fossil fuels in stationären Anwendungen; im Verkehrsbereich aber Erhöhung der Effizienz und Reduzierung des motorisierten Individualverkehrs” ist auf mittlere und längere Sicht die wirkungsvollste Strategie „weg vom Öl“.

Daher: Volle Kraft voraus in Sachen Forschung, inklusive Wasserstoff und Brennstoffzelle - für stationäre Einsätze -, und sofortige Umsetzung von verkehrsvermeidenden Strategien sowie hocheffizienter, konventioneller Benzinspartechniken im Verkehrsbereich. Wer tatsächlich „weg vom Öl” will, muss das unter Beweis stellen, indem er da anfängt, wo es am effektivsten und sinnvollsten ist. Wer den Einsatz von Wasserstoff im Verkehrsbereich als „Lösung” propagiert, stellt das Gegenteil unter Beweis: nämlich, dass er Veränderungen verhindern oder mindestens verzögern will.

Bibliographie

Kriener, Manfred: Opfer der eigenen Sprüche, in: Die Zeit, Nr. 17, 16. April 1998, S. 23

Richter, Horst-Eberhard: Bedenken gegen Anpassung – Psychoanalyse und Politik, Frankfurt 1998

Rudolf Petersen

Wuppertal Institut für Klima, Umwelt, Energie

Die Brennstoffzelle als Konkurrent des Verbrennungsmotors - Chancen vor allem im Stadtverkehr?

Einleitung

Mit der Brennstoffzelle tritt erstmals ein ernsthafter Konkurrent zum Verbrennungsmotor in die Zukunftsdiskussion um das Auto ein.

Über mehr als 100 Jahre hat der Otto-Motor unangefochten als Standardantrieb für Personenwagen gedient. Er ist erheblich weiter entwickelt worden und hat doch noch beachtliche Entwicklungspotentiale. Der Otto-Motor ist - vor allem in der Ausstattung mit dem Drei-Weg-Katalysator und Lambda-Sonde - sehr sauber geworden. Seine Schadstoffemissionen liegen um mehr als den Faktor 10 niedriger als vor einigen Jahrzehnten. In den kommenden Jahren wird zur Einhaltung der EURO-IV-Grenzwerte der Schadstoffausstoß noch mal deutlich gesenkt werden, bis die toxischen und die kanzerogenen Emissionen praktisch vollständig beseitigt werden.

Der Dieselmotor hat als PKW-Antrieb seit etwa 20 Jahren vor allem in einigen europäischen Ländern Marktanteile gewonnen. Weltweit ist sein Anteil am PKW-Markt gering. Obgleich auch bei diesem Aggregat die Schadstoffemissionen verbessert worden sind, konnte noch kein dem *Otto-Motor-Drei-Weg-Kat-Konzept* vergleichbarer Fortschritt erzielt werden. Mit den Zukunftsoptionen von NO_x-Reduktionskatalysator und Partikelfilter könnte der Dieselmotor in den nächsten Jahren seine, in Bezug auf den Schadstoffausstoß, ungünstigere Position gegenüber dem Otto-Motor verbessern.

Für die Kraftstoffausnutzung setzt der Dieselmotor mit Direkteinspritzung die Maßstäbe. War der Verbrauchsvorteil des traditionellen Kammer-Dieselmotors gegenüber den Otto-Motoren noch relativ gering (massenbezogen je nach Fahrzyklus bis zu 10 Prozent), so hat sich dieser Vorteil zunächst mit der herkömmlichen Direkteinspritzung (in jüngster Zeit mit dem Übergang auf Commonrail bzw. Pumpe-Düse-Konzepte) noch erhöht. Heute kann man davon ausgehen, dass der DI-Dieselmotor massenbezogen um 20-30 Prozent niedrigere Verbrauchswerte als ein durchschnittlicher Otto-Motor mit vergleichbarem Drehmoment hat. Diesen Innovationssprüngen im Kraftstoffverbrauch beim Diesel stehen noch keine vergleichbaren Fortschritte beim Otto gegenüber. Jedoch sind auch hier mit der Direkteinspritzung, dem hochaufgeladenen, entdrosselten

Motor mit kleinem Hubraum sowie im Magerbetrieb mit dem Reduktionskatalysator noch erhebliche Verbrauchsreduktionen zu realisieren. Die Entwicklung im Otto-Motorenbau scheint im Hinblick auf Kraftstoffeffizienz in den vergangenen Jahren gegenüber dem Diesel vernachlässigt worden zu sein.

Mit diesem traditionellen Konkurrenten muss sich jeder alternative Antrieb messen. Die in den vergangenen Jahrzehnten vorgeschlagenen Alternativen sind allesamt erfolglos geblieben. In den 50er und 60er Jahren beflügelte die Gasturbine die Phantasien der Fachmedien. In periodischen Abständen machten immer wieder Batterieentwicklungen von sich reden, mit denen das Problem der geringen Energiedichte und damit der zu geringen Reichweite gelöst werden sollte. Dem Stirling-Motor wurden zeitweise ebenfalls Zukunftschancen eingeräumt. Reichhaltig sind die jeweils vorgeschlagenen, erprobten und schließlich für den Masseneinsatz verworfenen Kraftstoffalternativen Flüssiggas, Erdgas, Methanol, Ethanol oder Rapsöl. Sie werfen aber mehr Probleme im Hinblick auf Handhabbarkeit, Kosten, Reichweite und Versorgungsperspektiven auf, als sie Vorteile bieten.

Für Sonderanwendungen sind allerdings einige alternative Kraftstoffe oder auch alternative Antriebe durchaus erfolgreich gewesen bzw. werden erfolgreich sein. Erdgasantriebe für Nutzfahrzeuge im Stadtverkehr, mit denen die dieseltypischen Emissionen vermieden werden, sind ein gutes Beispiel. Darüber hinaus gibt es zur Zeit wenig erfolgversprechende Einsatzbereiche für die Konkurrenz zum Benzin und Dieselkraftstoff in den technischen Prozessen nach Otto und Seiliger.

Vor- und Nachteile des Brennstoffzellenantriebes

Die Brennstoffzelle ist keine neue Erfindung. Sie ist sogar älter als der Otto- und der Dieselmotor. Dass sich nach dieser langen Entwicklungsgeschichte mit sehr schmalen Anwendungen in Sondergebieten wie der Raumfahrt unvermutet ein Massenmarkt im Fahrzeugbereich abzeichnet, ist insbesondere eine Folge des Innovationsdruckes, der von den kalifornischen Zero-Emission-Standards ausgeht. Daneben hat sich in den vergangenen Jahren ein schmaler, aber stabiler Nachfragesektor im Bereich der stationären Strom- und Wärmeerzeugung entwickelt. Dies soll zunächst hier nicht betrachtet werden, weil diese Konzepte aus heutiger Sicht für den Fahrzeugbereich nicht in Frage kommen.

Mit den beeindruckenden Erfolgen vor allem zur Miniaturisierung des Aggregates, die in den vergangenen Jahren in den Daimler-Benz-Forschungsfahrzeugen NeCar demonstriert wurden, ist nun den Otto- und Dieselmotoren ein Konkurrent erwachsen, der erhebliche Vorteile verspricht: Der Antrieb ist leise, vibrationsfrei und am Einsatzort praktisch schadstoffrei. Die Brennstoffzelle kann Strom in einer Menge liefern, die den noch so fortschrittlichen Batteriekonzepten nie zu entnehmen war. Überdies ist der Wirkungsgrad mit angegebenen 70 bis 80 Prozent doppelt so hoch, wie bei den Verbrennungsmotoren. Vorteilhaft ist vor allem, dass der Wirkungsgrad in dem für den normalen Verkehr so wichtigen Teillastbetrieb diese hohen Werte erreicht.

Die Vorteile erscheinen überzeugend. Dazu kommt der High-Tech-Appeal aus der Raumfahrt. Wo liegen nun die Probleme?

Würde die Brennstoffzelle den Strom mit den angegebenen Wirkungsgraden aus Benzin, Dieselkraftstoff oder einem anderen billigen Kohlenwasserstoff liefern, gäbe es tatsächlich kaum Probleme. Abgesehen von den Herstellungskosten des Aggregates, die jedoch nach Ansicht der Promotoren in der Industrie über kurz oder lang konkurrenzfähig gemacht werden könnten. Das Kernproblem der Brennstoffzelle liegt eher darin, dass sie in dem von Daimler Benz verfolgten PEM-Konzept auf reinen Wasserstoff angewiesen ist. Dieser ist nicht preisgünstig und nicht mit geringem energetischen Aufwand herzustellen - jedenfalls nicht so kosteneffizient wie Benzin und Dieselkraftstoff. Wasserstoff hat als gasförmige Energieträger darüber hinaus den Nachteil der aufwendigeren Handhabung gegenüber Flüssigkeiten. Eine Speicherung in Mengen, wie sie für den Kraftfahrzeugbetrieb notwendig sind, kann nur in Hochdrucktanks oder in Tieftemperaturtanks erfolgen. Beide sind erheblich teurer und schwerer als ein Benzin- oder Dieseltank. Die konstruktiven Probleme bei der Unterbringung der Gastanks sind ebenfalls größer.

Für die Herstellung von Wasserstoff gibt es eine große Anzahl technischer Optionen. Diese lassen sich zunächst danach differenzieren, ob der Wasserstoff in stationären Anlagen hergestellt und bis an die Tankstellen verteilt wird, wo die Autofahrer dann Hochdruck- oder Tieftemperaturwasserstoff tanken, oder ob der Wasserstoff an Bord der Fahrzeuge hergestellt wird. Im letzteren Fall würden die Autofahrer einen - am besten flüssigen - wasserstoffhaltigen Energieträger tanken. Daraus würde in einem miniaturisierten Reformer Wasserstoff abgespalten. Als zu tankende Substanzen kommen fossile Energieträger wie Benzin und Erdgas in Frage. Möglich sind aber auch Methanol oder Ethanol. Für die Herstellung der Alkohole gibt es wiederum eine Reihe von Möglichkeiten. Methanol wird man vorwiegend aus Erdgas herstellen, theoretisch auch aus Biogas, Ethanol durch alkoholische Gärung beliebiger organischer Substanzen.

Bei einer Bewertung der Optionen zur Herstellung des Wasserstoffes zeigt sich sehr schnell, dass aus ökonomischen und aus ökologischen Gründen allenfalls wenige Möglichkeiten in Frage kommen. Bei der Betrachtung zukünftiger Optionen könnten ökologische Konzepte, beispielsweise die solare oder sonstige regenerative Erzeugung von Wasserstoff, realistischer aussehen, als sie es heute sind. Dabei ist jedoch zu berücksichtigen, dass sehr tiefgreifende Strukturveränderungen von fossilen zu regenerativen Energieträger nicht nur auf den Verkehrsbereich begrenzt angewendet werden können. Dies würde ökologisch und ökonomisch keinen Sinn machen. Im Vorgriff auf die nachfolgende Diskussion wird hier folgende These formuliert: Solange noch irgendwo Kohle zur Stromerzeugung verbrannt wird, haben alternative Energieträger im Kraftfahrzeugverkehr wenig Chancen - es sei denn, man will den Durchbruch im Massenmarkt der Kraftfahrzeuge, um von dort aus den stationären Strom- und Wärmesektor umzustrukturieren.

Anforderungen an zukünftige Kraftfahrzeugantriebe

Energieverbrauch und Treibhausemissionen

Unter den Treibhausemissionen hat das Kohlendioxid die größten Anteile hinsichtlich der Beeinflussung des globalen Strahlungsgleichgewichtes. Kohlendioxidbildung und Kohlenstoffmasse des Energieträgers sind einander proportional. Für gegebene Energieträger bedeutet eine Erhöhung des Energieverbrauchs eine proportionale Erhöhung des CO_2-Ausstoßes. Daneben sind eine Reihe weiterer Treibhausgase wie Methan, Distickstoffoxid, Kohlenmonoxid etc. zu berücksichtigen. Nach gegenwärtigem Kenntnisstand erreichen diese Gase im Kraftfahrzeugverkehr nicht die Bedeutung des Kohlendioxids. Im Hinblick auf Distickstoffoxid gibt es diesbezüglich widersprüchliche Einschätzungen.

In jedem Fall ist der Verbrauch an fossilen Energieträgern aufgrund der Auswirkung auf den Treibhauseffekt zu reduzieren. Emissionsmindernd wirkt auch eine Verlagerung von Kraftstoffen mit einem hohen C-Anteil zu solchen mit niedrigem C-Anteil - z.B. von Erdöl zu Erdgas. Hier muss jedoch der Nutzungsgrad der Energiewandlungsprozesse berücksichtigt werden.

Zum Umfang der notwendigen CO_2-Emissionsminderungen im Verkehr gibt es keine speziellen politischen Festlegungen. Die bekannten Empfehlungen der Bundestags-Enquête-Kommission (25 Prozent bis 2005 gegenüber 1987, 50 Prozent bis 2020, 80 Prozent bis 2050) beziehen sich auf den deutschen CO_2-Ausstoß insgesamt, genauso wie das 25%-Ziel der Bundesregierung für das Jahr 2005 gegenüber 1990. Die sektoralen Beiträge sind nie spezifiziert worden.

Dies gilt ebenfalls für die nach Kyoto EU-intern verhandelten nationalen Minderungsbeiträge zum europäischen Gesamtziel von acht Prozent. Dies soll im 5-Jahreszeitraum 2008 bis 2012 gegenüber dem Bezugsjahr 1990 erreicht werden. Für Deutschland ist eine Emissionsminderung von 21 Prozent vereinbart worden, zu erreichen für die Gesamtheit der Treibhausgase insgesamt und über alle verursachenden Sektoren. Auch hier lässt sich kein sektorales Minderungsziel für den Verkehr ableiten.

Bis vor kurzem war der Ausstoß an Treibhausgasen in Gesamtdeutschland so stark rückläufig, dass das 25%-Ziel von Enquête-Kommission und Bundesregierung quasi im Selbstlauf der Geschichte erreichbar schien. Dies sollte trotz einer ungünstigen Emissionsentwicklung im Verkehr geschehen. Für diesen wurden im Trendverlauf sogar noch Emissionserhöhungen erwartet. Z.Z. weisen Trendprognosen daraufhin, dass das 25%-Ziel bis 2005 nicht erreicht werden wird, wobei sicherlich der Verkehr in seiner ungünstigen Entwicklung stärker in den Mittelpunkt des Interesses rücken wird. Von den Umwelt- und Verkehrsministern des Bundes und der Länder war vormals ein 10%-Minderungsziel für den Verkehr als Ziel genannt worden, explizite Minderungsstrategien sind jedoch dafür nicht formuliert, Minderungsmaßnahmen nicht umgesetzt worden.

Die von der Automobilindustrie gegenüber der Bundesregierung ausgesprochene Selbstverpflichtung zur Senkung des CO_2-Ausstoßes von PKW scheint für diesen Teilbereich des Verkehrs zwar die klimapolitischen Zielsetzungen aufzunehmen, wird jedoch kaum als Erreichung des Klimazieles gewertet werden können. Die Selbstverpflichtung der Automobilindustrie scheint sich - das ist den Vereinbarungstexten nicht genau zu entnehmen - auf den *spezifischen*, d.h. streckenbezogenen Kraftstoffverbrauch bzw. CO_2-Ausstoß jeweils neuer Modelljahrgänge zu beziehen. Für die Gesamtemissionen sind neben dem spezifischen Ausstoß aber vor allem die Gesamtkilometerleistung und das tatsächliche Fahrverhalten von Bedeutung, das innerhalb der gesamten Flotte unter Einschluss der Altfahrzeuge verwirklicht wird. Wesentliche Größen unterliegen somit nicht dem unmittelbaren Einfluss der Automobilindustrie. Obgleich in der Vereinbarung mit der Bundesregierung am Beispiel von Stauungen auch der Verkehrsablauf angesprochen wird, scheint sich die Zusage doch ausschließlich auf den Normverbrauch neuer Modelle zu beziehen. 1995 wurde die Zusage von 1992 bekräftigt und erweitert, wenngleich nicht präzisiert. Demnach sind ein Großteil der Vereinbarungen unklar und unpräzise formuliert.

Für die Entwicklung des Energieverbrauches und damit des Kohlendioxidausstoßes des Verkehrs sind nur Szenariobetrachtungen möglich. Um bei einer Zielverfehlung der 25%-Minderungsmarke im Verkehr das Gesamtziel doch noch zu erreichen, müssen die anderen Verursachersektoren die höheren Verkehrsemissionen durch verstärkte Minderungsanstrengungen kompensieren. In welchem Umfang zu kompensieren sein wird, wird z.Z. vom Wuppertal Institut szenarisch untersucht.

Innerhalb des Verkehrssektors dürften sich die einzelnen Teilbereiche sehr unterschiedlich entwickeln. Durch den vor einigen Jahren eingeleitete Bestandsumschlag zu sparsameren Fahrzeugen, verbunden mit nur noch relativ geringen Zuwächsen in der Gesamtfahrleistung, wird es für den PKW-Bereich voraussichtlich bis zum Jahr 2005 zu einer Stabilisierung und ab 2010 zu einer Verbrauchsminderungen kommen. Dies würde auch zu einer Reduktion des CO_2-Ausstoßes führen. Dessen ungeachtet weist der PKW-Bereich gegenüber den Trendprognosen noch erheblich weitergehende Minderungspotentiale auf, zu erwähnen sind die Stichworte „Drei-Liter-Auto“ oder „Tempolimit“.

Demgegenüber ist der Energieverbrauch im LKW-Bereich auf fortlaufende Zuwächse ausgerichtet und entsprechend wird der CO_2-Ausstoß ansteigen. Maßgeblich dafür sind zum einen die nur relativ geringen spezifischen Verbesserungen in der Fahrzeugtechnik, zum anderen der weiterhin zu erwartende Anstieg der Transportkilometer. Es gibt zwar Entwicklungen, wodurch Emissionsvorteile in Bezug auf die spezifischen CO_2-Emissionen erreicht werden dürften; z.B. der Trend zu immer größeren Fahrzeugen mit höheren zulässigen Zuladungen, sowie organisatorischen Innovationen zur Reduzierung der Leerfahrten bzw. zur Erhöhung der Auslastungen. Dies wird jedoch kompensiert durch den massiven Anstieg der Tonnenkilometer, die insgesamt zu Emissionserhöhungen führen.

Ähnliches gilt für den Luftverkehr. Dort ist die Nachfrageentwicklung noch weit expansiver und wird in Verbindung mit nur mäßigen spezifischen (auf Passagierkilometer bezogenen) Emissionsverbesserungen zu deutlichen Steigerungen im CO_2-Ausstoß führen. Der Stellenwert des Luftverkehrs in der Treibhausproblematik erhöht sich noch erheblich durch den Umstand, dass den Stickoxid- und Wasserdampfemissionen in großen Höhen eine mehrfach höhere Bedeutung beigemessen werden muss, als allein den Kohlendioxidemissionen der Flugzeuge. Der anfallende CO_2-Ausstoß bei heutigen Flugzeugmustern dürfte in großen Höhen das Zwei- bis Dreifache der Treibhauswirkung ausmachen. Die Luftverkehrsemissionen sind bisher nur zu einem kleinen Teil in den nationalen Klimabilanzen berücksichtigt. Insbesondere die internationale Luftfahrt (und die Seeschiffahrt) müssen noch in die Klimadiplomatie und -bilanzen eingebunden werden. Auch ohne Berücksichtigung des o.g. Multiplikators wächst der Stellenwert des Emissionsanteiles, welches Deutschland zuzurechnen ist, sehr stark an. Unter Berücksichtigung des Multiplikators dürfte er in absehbarer Zeit ebenso wesentlich wie der PKW werden.

Mit den vorstehenden Ausführungen sind das energiepolitische und das klimapolitische Umfeld charakterisiert, in welches die Brennstoffzelle als Kraftfahrzeugantrieb hineinstößt. Es dürfte deutlich geworden sein, dass der Verkehrsbereich insgesamt hinsichtlich dieser beiden Aspekte als ökologisch kritisch angesehen wird. Entsprechend kommt dem Energieverbrauch und den Treibhauswirkungen der Antriebsalternativen zum Otto- und Dieselmotor eine hohe Bedeutung zu.

Schadstoffemissionen und Lärm

Die gesetzlichen Regelungen im Bereich der toxischen und kanzerogenen Abgasemissionen haben in den vergangenen zwei Jahrzehnten wesentliche ökologische Verbesserungen bei den Kraftfahrzeugantrieben erzwungen. Die Automobilindustrie hat es mit technischen Minderungsmaßnahmen erreicht, dass die Schadstoffproblematik für Mensch und Umwelt als praktisch gelöst angesehen werden kann – vorausgesetzt die europäischen Richtlinien EURO IV wird ab etwa 2005 in die Flotten umgesetzt. Nur im Hinblick auf Dieselpartikel wird man noch weitergehende EURO-V-Regelungen entwickeln und umsetzen müssen. Auf den internationalen Märkten werden selbst in den Staaten der sog. Dritten Welt strenge Schadstoffbestimmungen eingeführt.

Diese Minderungen werden mit den konventionellen Antrieben, den Otto- und Dieselmotoren, erreicht. Nur für lokal absolut schadstoffreie Antriebe wären Aggregate wie die Brennstoffzelle erforderlich. Umfassende Kosten-/Nutzen-Analysen zeigen, dass dieser letzte Schritt aus Umweltgründen nicht mehr kosteneffizient ist. Vielmehr wäre es für die Emissionsbilanzen günstiger, Altfahrzeuge ohne die jeweils weitestgehenden Minderungstechnologien sowie Fahrzeuge mit Defekten zu identifizieren und entweder nachzurüsten oder aus dem Bestand zu nehmen.

Im Hinblick auf die Umweltgeißel „Verkehrslärm" könnte die Brennstoffzelle im Stadtverkehr bei niedrigen Geschwindigkeiten ihre Vorteile ausspielen, wenngleich dort natürlich auch Nebenaggregate wie Lüfter und Pumpen Geräusche verursachen. Grundsätzlich sind Explosions-Verbrennungsmotoren hier im Nachteil. Ein Nachteil, der auch durch aufwendige Geräuschdämmungsmaßnahmen nicht egalisiert werden kann.

Von größerer Bedeutung ist jedoch das Rollgeräusch der Fahrzeuge. Ab ca. 30 bis 50 km/h übersteigen die Rollgeräusche, je nach Reifenbauart und Fahrbahnbelag, den Motorgeräuschpegel. Brennstoffzellenantriebe haben dann keine Vorteile mehr; bei höheren Fahrzeugmassen infolge höherer Antriebsgewichte evtl. sogar Nachteile.

Perspektiven der Brennstoffzelle im Verkehr

Die Brennstoffzelle muss sich mit den eingeführten, preisgünstigen Lösungen messen. Sie wird ihren eventuellen Durchbruch nicht darauf basieren können, dass sie so gut wie emissionsfrei am Einsatzort ist. Schließlich haben auch die herkömmlichen Antriebe in dieser Hinsicht erhebliche Fortschritte gebracht - besonders der Otto-Motor. Sie wird nur dann erfolgreich sein können, wenn sie in der Effizienz der gesamten Energiekette und in den Treibhausemissionen eindeutige Vorteile bringt. Das Aggregat selbst verspricht sehr hohe Wirkungsgrade, auch im Teillastbetrieb, was vor allem für den Stadtverkehr wichtig ist. Nach dem heutigen Stand der Forschung kann ein deutlicher Vorteil in der Energiebilanz und in den CO_2-Emissionen dann realisiert werden, wenn Wasserstoff aus regenerativen Quellen erzeugt wird. Damit könnte die Brennstoffzelle nur im Rahmen eines Wandels der gesamten Energieversorgungsstrukturen deutliche Vorteile hervorbringen. Die Zukunftschancen dieses Konzeptes hängen davon ab, ob der Wandel zu einem insgesamt nachhaltigeren, nicht-fossilen Energiesystem ernsthaft verwirklicht wird. Priorität haben zunächst die stationären Anwendungen.

Diese Position ist mit den spezifischen Minderungskosten für Klimaemissionen gerechtfertigt. Für PKW-Antriebe wird noch für mindestens 10 bis 15 Jahre das Minderungspotential konventioneller Antriebe so hoch eingeschätzt werden können, dass deren Realisierung umweltökonomisch günstiger ist. Bezieht man die stationären Verursachersektoren ein, sollten alternative Energieträger und Aggregate zunächst dort eingesetzt werden, wo sie den größten Effekt zur Entlastung des Klimas versprechen, nämlich bei der Stromerzeugung. Im stationären Einsatz spielen die Probleme des Bauraumes, des Gewichts und der aufwendigeren Handhabung gasförmiger Energieträger eine geringere Rolle als im Verkehr. Dort haben die flüssigen Energieträger Benzin und Dieselkraftstoff noch auf mittlere Sicht Vorteile.

In langfristiger Perspektive, ab ca. 2030, könnte mit steigenden Preisen für Mineralöl aufgrund zunehmender Verknappung dann der Zeitraum kommen, in dem auch die Umstellung des Verkehrssektors auf regenerativ erzeugten Wasserstoff wirtschaftlich sinnvoll wird. Die wirtschaftliche Argumentation hat auch im ökologischen Kontext einen hohen Stellenwert. Schließlich sind die finanziellen Mittel stets begrenzt. Sie sollen dort eingesetzt werden, wo sie die größten Entlastungseffekte erreichen.

In technologiepolitischer Hinsicht müßten die Bewertungen wiederum differenzierter ausfallen. Die Brennstoffzelle könnte Innovationen auslösen, mit deren Hilfe Wettbewerbsvorteile und eine Stärkung der europäischen Produktionsstandorte erreicht werden. Dieser Aspekt kann an dieser Stelle nicht weiter vertieft werden.

Zweckmäßig wäre es in jedem Fall, den Energiebedarf der Kraftfahrzeuge durch eine Reduzierung der Fahrzeugmassen und eine Auslegung auf niedrigere Geschwindigkeiten hin zu reduzieren. Dies gilt sowohl für konventionelle als auch für alternative Antriebe. Je geringer der Energiebedarf ist, desto teurer können sowohl aus der einzelwirtschaftlichen Sicht der Nutzer als auch in volkswirtschaftlicher Perspektive die Energieträger sein. Wasserstoff wird in jedem Falle teurer sein als Benzin oder Dieselkraftstoff, vor allem bei regenerativer Erzeugung aus Sonnenenergie, Windenergie und Biomasse. Für ein Auto mit einem Energiebedarf von nur noch einem oder zwei Liter Benzin (äquivalent) würde dieser Energieträger eventuell konkurrenzfähig sein können – allerdings erst dann, wenn auch fossile Energieträger knappheitsbedingt teurer geworden oder wenn durch ökologisch ausgerichtete Steuern diese Preissignale geschaffen worden sind.

Mit dieser Bewertung folgt für die politischen Rahmenbedingungen, dass zwar die Forschungs- und Entwicklungsförderung fortgesetzt werden sollten, massive öffentliche Investitionen in die Entwicklung und in Infrastrukturen für die Brennstoffzellenanwendung im Verkehr jedoch aus heutiger ökologischer Sicht nicht gerechtfertigt erscheinen.

Werner Reh

BUND

Kriterien für alternative Antriebe aus der Sicht des BUND

Sechs Vorbemerkungen

Erstens: Die verwendeten Grundlagen für die Bewertung von Brennstoffzellenautos entstammen der Studie des Umweltbundesamtes (UBA) aus dem Jahre 1998 (vgl. Kolke, R., 1998). Diese hat in methodischer Hinsicht Maßstäbe gesetzt. Auch industrienahe Forschungseinrichtungen folgen mittlerweile dem skeptischen Urteil des UBA (vgl. Ika-Bericht 8324, 1998, S. 57 ff.). Die Konferenz am 16.3.1999 hat gezeigt, dass die Ergebnisse akzeptiert werden. Auch die Aussagen zu den Kosten des Brennstoffzellenautos dürften in der Größenordnung realistisch, die Annahmen zur Markteinführung 2005 sogar recht optimistisch sein.

Zweitens: Das Analyseergebnis, welches der BUND vertritt, wird manchem erstaunlich erscheinen: Statt der Markteinführung der Brennstoffzelle, die nach den Selbstbekundungen der Industrie doch antritt, um den herkömmlichen Otto- und Diesel-Pkw zu ersetzen, empfehlen wir die rasche Markteinführung des „Drei-Liter-Autos". Darunter verstehen wir auch eine Variante der heute dominanten (auch weil massiv beworbenen) „Renn-Reiselimousinen" (*Canzler/Knie*), die durchgreifend verbrauchs- und emissionsoptimiert ist und innerhalb der nächsten 5 bis 10 Jahre den Sektor Verkehr entscheidend auf einen klimaverträglichen Pfad bringen kann. Der Prototyp davon wurde 1996 von Greenpeace mit dem SmILE-Auto (Small, Intelligent, Light, Efficient) vorgestellt. Sein Ziel ist den Verbrauch herkömmlicher Pkw ohne substantiellen Komfortverlust zu halbieren. Bei der Emissionsminderung müssen und können noch deutlich höhere Reduzierungen angestrebt werden.

Drittens: Wenn im folgenden über technische Optimierungen im System Auto gesprochen wird, werden dadurch Strategien der

- Verkehrsvermeidung oder Verkehrsreduzierung sowie
- der Verkehrsverlagerung auf umweltfreundlichere Verkehrsträger

nicht desavouiert oder hintangestellt. Erstere sind immer noch die intelligenteste Form der Verkehrspolitik (z.B. durch Maßnahmen der integrierten Planung von „Wohnen und Arbeiten", „Wohnen und Einkaufen", „Wohnen und Freizeit", durch eine „Stadt der kurzen Wege", durch Fahrgemeinschaften statt Alleinfahrten, durch Datenübertragung statt physischem Verkehr). Verkehrsvermeidung oder Verkehrsreduzierung alleine sind nachhaltig im „eigentlichen" Sinn des Wortes.

Verkehrsverlagerung ist in den Städten die adäquate und letztlich einzig zielführende Strategie. Brennstoffzellenautos gefährden diese Verlagerung, wenn sie vorzugsweise als Stadt- und Zweitautos konzipiert werden, die den gleichen Markt bedienen.

Viertens stellt sich die Frage nach der verkehrs- und wirtschaftspolitischen Gesamtstrategie. Verkehrspolitik wird nicht nur in Deutschland als „passive“ Industriepolitik betrieben, statt aktiv zu gestalten („Aktive Politik“ - in der Definition von Fritz W. Scharpf und Renate Maintz - würde dagegen bedeuten, dass Politik Ziele langfristig anvisiert, die sie gestaltet statt sich anzupassen und sich auch gegen dominierende Interessen durchzusetzen vermag). Obwohl die Entkoppelungstendenzen zwischen Wirtschafts- und Verkehrswachstum in den letzten Jahren unübersehbar wurden, obwohl der neoklassische Großversuch, die - weitgehend europäisierte und partiell auch globalisierte - Wirtschaft durch Kostensenkung und erhöhte Verkehrs- und Stoffströme im Sinne einer „Tonnenideologie“ anzukurbeln, ökonomisch gescheitert ist (siehe die Arbeitslosigkeit) und gleichzeitig auch zu Wohlfahrtseinbußen breiter Schichten und einem Niedergang der Umweltqualität führte, wird das verkehrswirtschaftliche Grundmodell immer noch weiter aufrechterhalten und die „Verkehrswende“ ideologisch verteufelt.

Worin gründet die Hoffnung auf eine Verkehrswende? Ein neues, ökologisch-ökonomisches Leitbild muss und kann plausibel machen, dass es bessere ökonomische Resultate liefert. Dieses Argument wird unten ausgebreitet und ein Strategiewechsel in Richtung Innovations- und Internalisierungspolitik empfohlen, weil dadurch eine stabile und wettbewerbsfähige Ökonomie entsteht und gleichzeitig Sozialstaat und politische Demokratie langfristig gesichert werden können. Voraussetzung dafür ist aber, dass die Politik eine langfristige Rationalität gegen die kurzfristige Interessenpolitik der Wirtschaftsfunktionäre durchsetzen kann. Die haushaltspolitischen Zwänge und der ökonomisch unabweisbare Zwang zum Abbau deutscher und europäischer Subventionen, die in aller Regel ökologische Flurschäden anrichten und statt ökonomischen Nutzen zu stiften, einen Subventionswettlauf mit der Folge zusätzlicher Externalitäten auslösen, können hoffnungsvoll stimmen. Zweitens können manifest werdende ökologische Katastrophen, drittens die globale Forderung nach Ressourcengerechtigkeit und -umverteilung sowie viertens der Wunsch nach Wiederanhebung demokratisch-rechtsstaatlicher Standards unter Einschluss von Verbraucherrechten, nach Zähmung wirtschaftlicher Macht, eine ökologische Wende begünstigen.

Fünftens: Selbstkritisch muss der BUND einräumen, dass frühere Meinung, ein Umweltverband wie Greenpeace solle keine Pkw-Prototypen entwickeln, sich als falsch erwiesen hat. Die Geschichte marktfähiger Sparautos (Renault Vesta, „Öko“-Golf) und das lange Zögern der Industrie, endlich Drei-Liter-Autos nicht nur als Nischenautos in den Markt zu bringen, unterstreicht jedoch die Richtigkeit der Greenpeace-Strategie. Die Umweltverbände müssen zusammen mit den Verbraucherverbänden es sich zur Aufgabe machen, die Pkw-Käufer zu verantwortlichem Verhalten anzuhalten und die Industrie zu optimierten Mobilitätsangeboten unter den Aspekten Ressourcenschutz, Klimaschutz, Schadstoffemissionen und Lärm überzeugen. Die seit Sommer 1999 auf den Markt gekommenen Drei-Liter-Autos (z.B. VW-Lupo) sind noch keine umweltpolitisch überzeugenden Lösungen (z.B. Emissionsproblem der Diesel-Pkw, das Verfehlen der D4/Euro 4-Norm, „ökologische Rucksäcke"...), von den völlig „übergewichtigen" Basismodellen ganz zu schweigen. Der zunehmende Wettbewerb um verbrauchsreduzierte Modelle ist dennoch begrüßenswert, birgt er doch die Chance, Sparsamkeit als Kaufargument gegenüber den derzeit allein dominierenden Merkmalen Sportlichkeit (im Sinne von Beschleunigung und hoher Spitzengeschwindigkeit) und purem Fahrspaß zu reanimieren.

Sechstens und letztens ist anzumerken, dass die hier gegenüber dem Brennstoffzellenauto entwickelten Kriterien und Kritikpunkte auch gegenüber anderen Antrieben, wie dem Elektroauto, dem Erdgasantrieb, dem Wasserstoff-, Hybrid-, Luftdruckautos... gelten: Während das Elektroauto spätestens seit den Ergebnissen des Rügen-Versuchs umweltwissenschaftlich „mega-out" ist, ist eine flächendeckende Einführung der anderen Pkw-Typen ebenfalls wegen der hohen Kosten für die Verbraucher und für die Infrastrukturbereitstellung oder wegen unbeherrschter Folgen gegenüber der hier dargelegten „Drei-Liter-Strategie" im ökonomisch-ökologischen Nachteil. Von diesem Verdikt ist lediglich das Hypercar-Konzept von Amory Lovins auszunehmen(vgl. Petersen, R. / Bone-Diaz, H., 1998, S. 226).

Bewertungsgrundsätze und -kriterien

Will man Brennstoffzellenautos mit konventionellen Antrieben vergleichen, so muss das Jahr 2005 Bezugsbasis bzw. -zeitpunkt sein. Dies ist der Termin, zu dem die Brennstoffzelle auf den Markt kommen soll. Mit der dann verfügbaren Technik für herkömmliche Autos muss sie sich messen. Das bedeutet - mindestens - durchgreifend verbesserte Schadstoffminderung (Einhaltung der ab 2005 geltenden Euro-4-Norm) und erheblich reduzierter Verbrauch - der auch aufgrund der Selbstverpflichtungen der Autoindustrie zur Verhinderung von Flottenverbrauchsvorschriften Standard werden wird. Der Prototyp von Greenpeace nimmt künftige Entwicklungen vorweg und ist deshalb als Vergleichsbasis wesentlich besser geeignet, obwohl er in Motorisierung, Familientauglichkeit und Beschleunigungsverhalten dem Brennstoffzellenantrieb weit überlegen ist. Vergleichskriterium muss ferner die Betrachtung der gesamten Produktkette bzw. Produktlinie von der Werkstoffgewinnung über die Produktherstellung einschließlich des Treibstoffs, die Produktnutzung bis zum Recycling/Entsorgung sein. Ein Vergleich des Brennstoffzellenautos mit heute gängigen 9-Liter-Euro-2-Autos und daraus abgeleitete CO_2-Reduktionspotentiale sind eine grobe Irreführung. Ebenso irreführend ist es, von „Null-Emissions-Fahrzeugen" zu sprechen. Diese kann es bei Produktlinienbetrachtung nicht geben, weil die Fahrzeuge hergestellt, betrieben und entsorgt, die Treibstoffe bereitgestellt und Infrastrukturen geschaffen werden müssen. Null-Emissionen kann es selbst dann nicht geben, wenn Wasserstoff regenerativ erzeugt wird.

Da der Kurzstreckenverkehr unter fünf km in besonderem Maße das Einsatzfeld von Brennstoffzellenautos werden könnte, gilt zu beachten, dass diese somit in Konkurrenz zu langlebigen, um ein Vielfaches besser ausgenutzten Bussen, zum Fahrrad bzw. zum Fußverkehr treten werden.

Zielerreichung/Treffsicherheit (Effektivität)

Die aus der Sicht des BUND zu erreichenden Ziele und deren Rangfolge sind Abbildung 1 zu entnehmen. Weiter unten werden die Qualitätsziele auch noch quantifiziert. Hier genügt es festzuhalten, dass mit der Brennstoffzelle, von den Befürwortern meist aus Gründen der Schadstoffminderung in Städten empfohlen, eine Diskussion der Vergangenheit zum Zukunftsthema erklärt wird. Mit den 1998 verabschiedeten europäischen Schadstoffnormen wird in den nächsten fünf Jahren das Schadstoffproblem effektiver und effizienter (mit geringeren Kosten) als mit Hilfe der Brennstoffzelle gelöst werden können.

Um treffsicher zu sein, müssen Lösungen auch verursachergerecht sein. Optimierungen im „System Auto" setzen allerdings am Symptom und nicht an der Ursache an. Weil der Zwang zum bzw. der Druck auf das Autofahren vor allem durch die beiden Faktoren Siedlungsdichte (als Folge der Autoverfügbarkeit) und Infrastruktur bewirkt wird, ist diese Strategie nicht verursachergerecht.

Wirtschaftlichkeit/Kostenwirksamkeit (Effizienz)

Jede Entscheidung löst Opportunitätskosten für den Politiker oder den Verbraucher aus. Die eingesetzten Ressourcen stehen für andere Verwendungen nicht mehr zur Verfügung. Die Politik muss die gesamtwirtschaftlich vernünftigste Lösung im Auge haben, das von ihr gesetzte Ziel, z.B. CO_2-Minderung, auf die kosteneffizienteste Art erreichen. Sie muss die günstigste Maßnahme, den am besten passenden Instrumentenmix auswählen. Hier sind auch ggf. Verdrängungseffekte bei der staatlichen Forschungsförderung zu beachten. Allerdings sind die staatlichen Fördermittel gering. Der Wettbewerb um das „Auto der Zukunft" findet zwischen den Entwicklungsabteilungen der Firmen und zwischen den Automobilherstellern statt. Ein entscheidender Nachteil des Brennstoffzellenautos liegt in seinen wesentlich höheren Kosten, insbesondere im Vergleich zum Drei-Liter-Auto.

Durchsetzbarkeit (Akzeptanz, Marktverbreitung)

Ohne massive Kostensenkungen in hohen Größenordnungen bei mehreren Komponenten ist eine auch nur geringe Marktverbreitung nicht denkbar. Brennstoffzellenautos werden in Zukunft Nischenautos bleiben (evtl. bei Luxusautos, in besonders sensiblen Städten oder Stadtteilen). Nachteile beim Handling und den Einsatzmöglichkeiten kommen hinzu. Damit wird die kritische Masse bei Ersatz herkömmlicher Pkw fehlen, um überhaupt spürbare ökologische Entlastungswirkungen zu erreichen.

„Nebenwirkungen“ (ökonomisch, sozial, kulturell ...)

Aufgrund der hohen Kosten müssen die ökonomischen Auswirkungen des Brennstoffzellenfahrzeuges negativ gesehen werden: Die Einführung von Drei-Liter-Autos würde gleichzeitig Arbeitsplätze bei der Automobilindustrie sichern und wegen der niedrigeren Kosten beim Kauf und Betrieb der Pkw zusätzliche Kaufkraft bzw. Nachfrage freisetzen und damit wirtschaftliche Impulse geben. Positiv wären auch die sozialen Auswirkungen.

Aufgrund der besseren Anschlussfähigkeit an globale Märkte scheinen mit der Drei-Liter-Technik wesentlich bessere Exportchancen verknüpft.

Positiv - sowohl von Brennstoffzellenfahrzeugen als auch von Drei-Liter-Autos - könnten die Auswirkungen auf die Mobilitätskultur sein, weil sie ein auf Sparsamkeit und defensive Fahrweise ausgelegtes Verhalten begünstigen. Umweltfreundliche Fahrweisen, die heute schon Kraftstoffeinsparungen bis zu 25 Prozent ermöglichen, würden auch durch Veränderungen der politischen Rahmenbedingungen, wie z.B. der von vielen Bundesbürger gewünschten generellen Tempolimits, unterstützt. Kraftstoffeffizientere Pkw könnten hinsichtlich ihrer Höchstgeschwindigkeit und ihrem Beschleunigungsverhalten anders ausgelegt werden.

Langfristbetrachtung: Bonus für regenerative Energieträger

Neben den derzeitigen Umweltqualitätszielen in Deutschland und der industrialisierten Welt müssen wir aber auch langfristige Entwicklungen in der „Dritten Welt“ (z.B. Motorisierungsentwicklungen in China oder Indien) in den Blick nehmen. Daher erhalten regenerative Entwicklungspfade einen Bewertungsbonus, weil diese langfristig zum Hauptenergieträger werden müssen, auch wenn diese Option wirtschaftlich heute nicht darstellbar ist. Dabei geht es um Technologien für die Zeit nach 2020, also um eine Forschungs- und Entwicklungsoption. Der Brennstoffzellenantrieb eröffnet prinzipiell die Möglichkeit, regenerative Energieträger (z.B. photovoltaisch erzeugten Wasserstoff oder Strom) einzusetzen.

Abwägungs-/Kollisionsregeln bei Zielkonflikten:

Die im folgenden dargestellten Nachhaltigkeitsdimension und die Einzelziele bedürfen gemäß dem grundgesetzlich stark ausgeformten Rechtsstaatsgebot einer Zuordnung: In Fällen der Gefährdung der natürlichen Lebensgrundlagen, gebotener Risikovorsorge und akuter Gefahrenabwehr muss den Umweltzielen Vorrang eingeräumt werden. In den anderen Fällen ist eine gesamtwirtschaftlich optimale Erreichung der verschiedenen Ziele anzustreben, in der nach dem Prinzip der „praktischen Konkordanz" (*Konrad Hesse*) kein Einzelziel bzw. keine Dimension vorschnell auf Kosten eines oder einer anderen verwirklicht werden darf.

Abb. 1: Dimensionen, Ziele und Strategien der Nachhaltigkeit (Quelle: BUND)

Bei den Umweltzielen könnte der Brennstoffzellenantrieb theoretisch einen Beitrag zur Erreichung der Ziele „Klimaschutz", Energieeinsparung und Schadstoffminderung leisten, in der sozialen Dimension zum Ziel der Lärmminderung. Zu den Zielen „Ressourcenschutz" und „Flächenverbrauch" besteht dagegen ein Spannungsverhältnis, weil das Brennstoffzellenauto wegen seiner eingeschränkten Reichweite eher zum Zweit- und Nischenauto taugt und deshalb den Kfz-Bestand erhöht, statt heutige Fahrzeuge zu substituieren.

Faktisch werden wegen der zu erwartenden geringen Marktverbreitung als Folge zu hoher Anschaffungs- und Betriebskosten des Brennstoffzellenautos jedoch auch keine irgendwie spürbaren Beiträge zu den Zielen Klimaschutz, Energieeinsparung, Schadstoffminderung, Lärmminderung und Verbesserung der Verkehrssicherheit erreicht werden. Die „kritische Masse" wird nicht erreicht, um irgendwelche Gesamt-Minderungswirkungen erzielen zu können.

Quantifizierte Umweltziele wurden für den Verkehrssektor auch im einzelnen zusammengestellt. Hier mag eine Wiedergabe der vom Sachverständigenrat für Umweltziele im Jahre 1994 festgelegten Reduzierungsziele genügen. Die Erreichung dieser Ziele sind auch die Prüfkriterien für die Wahl einer verkehrs-/umweltpolitischen Strategie (vgl. Norbert Goriße, N.,1996, S. 8f und Umweltbundesamt, Nachhaltiges Deutschland).

Bereich	Umweltqualitätsziel
Sommersmog	-80 % VOC bis 2005 (bezogen auf 1987) -80 % NO_x bis 2005 (bezogen auf 1987)
Treibhausgase	VOC und NO_x vgl. Sommersmog CO_2, CH_4 und CO analog Enquete-Kommission „Schutz der Erdatmosphäre“ 1990: -30 % CO_2 bis 2005 (bezogen auf 1987) -30% CH_4 (Methan) bis 2005 (bezogen auf 1987) -60% CO bis 2005 (bezogen auf 1987)
Toxische Stoffe	Senkung des Gesamtkrebsrisikos -90% bis 2005 (bezogen auf 1988) -99% langfristig
Lärm	langfristig: Planungsrichtlinien der DIN 18005 - für allgemeine Wohngebiete 55 dB(A) tagsüber und 40-45 dB(A) nachts - für reine Wohngebiete 50 dB(A) tagsüber und 35-40 dB(A) nachts
Natur und Landschaft	analog zum Handlungskonzept „Naturschutz und Verkehr“

Tab. 1: Eckpunkte zur Reduktion verkehrsrelevanter Umweltbelastungen (Quelle: Sachverständigenrat für Umweltfragen, 1994, S. 274)

Das CO_2-Minderungsziel steigt 2020 auf 50 Prozent, 2050 auf 80 Prozent oder den „Faktor 4“ (E. U. von Weizsäcker) an. Die Klimaschadstoffe Methan und Distickstoffoxid bzw. Lachgas spielen im Verkehrsbereich keine wesentliche Rolle. Allerdings sind im Rahmen einer Klimaschutzstrategie die (teilhalogenierten) Fluorkohlenwasserstoffe (H)FCKW aus Klimaanlagen in Pkw zu beachten.

Zwischen der sozialen und der ökologischen Dimension gibt es entgegen dem weitverbreiteten Vorurteil starke Übereinstimmungen. Eine sozial akzentuierte Politik wäre auch ökologisch ausgesprochen vorteilhaft. Eine Umverteilungs- bzw. Verlagerungspolitik, die in Städten und Ballungsräumen nicht nur Zuwächse auf der Straße umverteilt, sondern auch die Substitution von Autoverkehr durch den öffentlichen Nahverkehr oder im Fernverkehr die Verlagerung von Lkw-Verkehr oder Kurzstreckenflugverkehr auf die Schiene anstrebt, ist ein Beitrag zur Daseinsvorsorge, also zur „Mobilität für alle“. Der Instrumentenmix für Verlagerung besteht aus Regulierungen (z.B. Nachtflugverbot, Einhaltung von Sozialvorschriften, Angleichung der Wettbewerbsbedingungen der Verkehrsträger), Effizienzpolitik (kosteneffizienter Mitteleinsatz, Erhöhung der Fahrzeugauslastung z.B. durch verbesserte Fahrgastinformation und wirksame Imageveränderung) und Infrastrukturmaßnahmen (effiziente Beschleunigungspolitik, Kapazitätsausbau, Verbesserung der ÖPNV-Logistik). Sie bringt nicht nur soziale Vorteile bei der Lärmminderung, der Erhöhung der Sicherheit und der Daseinsvorsorge, sondern hat - wenn sie kosteneffizient erfolgt - Vorteile bei den Arbeitsplätzen, der Erhöhung des verfügbaren Einkommens und zumindest keine Nachteile bei dem regionalen Ausgleich und der finanziellen Nachhaltigkeit.

Das in der faktischen Politik noch immer stark dominierende neoliberale Angebotsmodell, das mit Hilfe von Infrastrukturausbaumaßnahmen in den Bereichen Straße und Flughäfen die Transportkosten senken und dadurch Wachstum fördern will, hat europaweit bei der Schaffung von Arbeitsplätzen versagt. Weil die Transportkosten - nach Aussagen des BDI - durchschnittlich nur 1,3 Prozent der Produktkosten ausmachen, ist der Transport ein denkbar ungeeigneter „Kostensenker". Auch Produktivitäts- und Marktausweitungsstrategien führen i.d.R. aufgrund ihrer Rationalisierungseffekte zu Arbeitsplatzabbau. Gleiches gilt für Strategien der Reduzierung der Fertigungstiefe (mit der Folge der Lagerhaltung auf der Straße durch „just-in-time-Anlieferungen") oder des Outsourcing. Ergebnis der heutigen wirtschaftspolitischen Strategie sind Nachteile auf allen drei Dimensionen: Umweltpolitische Degradierung geht einher mit wirtschaftspolitischer Stagnation und hoher Arbeitslosigkeit sowie dem Abbau von Sozialleistungen. Volkswirtschaftliche oder makroökonomische Ziele werden verfehlt. Wo es darum geht, Industrien (preislich) wettbewerbsfähiger zu machen, sind Strategien, die nicht am Verkehrssektor ansetzen (die z.B. Subventionen abbauen und die Steuern senken), vielversprechender. Auch eine Erhöhung der Nachfrage und der Erlöse erscheint sinnvoller (es sei hier nur an die Aussage von Paul A. Samuelson erinnert, dass der Ökonom nicht zufällig zwei Augen habe: eines für das Angebot und eines für die Nachfrage). Bei der herkömmlichen Kostensenkungsstrategie fallen die sozialen und privaten, die betriebswirtschaftlichen und die volkswirtschaftlichen Kosten in aller Regel auseinander.

Eine – natürlich schrittweise zu vollziehende – Internalisierung externer Kosten wäre eine langfristige Stabilisierungsstratgie, die auch näher an das wichtigste Ziel des „magischen Vierecks", die Vollbeschäftigung, heranführte. Zu Recht wurde in der EU-Verfassung seit 1993 als fünftes „ökonomisches" Ziel die Umwelt aufgenommen. Eine Internalisierungsstrategie setzte die richtigen Rahmenbedingungen für die Entscheidungen der Verbraucher und Hersteller. Weil eine solche Gesamtstrategie für eine umweltgerechten und effizienten Verkehr heute nicht erkennbar ist, muss relativ „fett" reguliert werden. Diese „end of the pipe"-Politik wird von der Wirtschaft als Belastung empfunden, deren Höhe jedoch meist überzogen wird. Auch Innovationsstrategien - die z.B. ressourceneffiziente Produkte oder den Aufbau neuer Dienstleistungen als Folge „innerer" Reformen und Umschichtung der Belastung vom Faktor Arbeit auf den Ressourcenverbrauch begünstigen – sind unter allen drei Dimensionen besser als die „alte" Vorgehensweise.

Dass eine Verlagerungsstrategie ökologisch ausgesprochen sinnvoll ist, zeigt Abbildung 2, die die CO_2-Bilanz der Verkehrsträger entlang der gesamten Produktlinie wiedergibt. Dabei ergeben sich Gesamtemissionen in Gramm je Personenkilometer (Pkm) für die Bahn 38g, für den elektr. öffentlichen Verkehr 41g, für den Dieselbus 45g und das Flugzeug 253g.

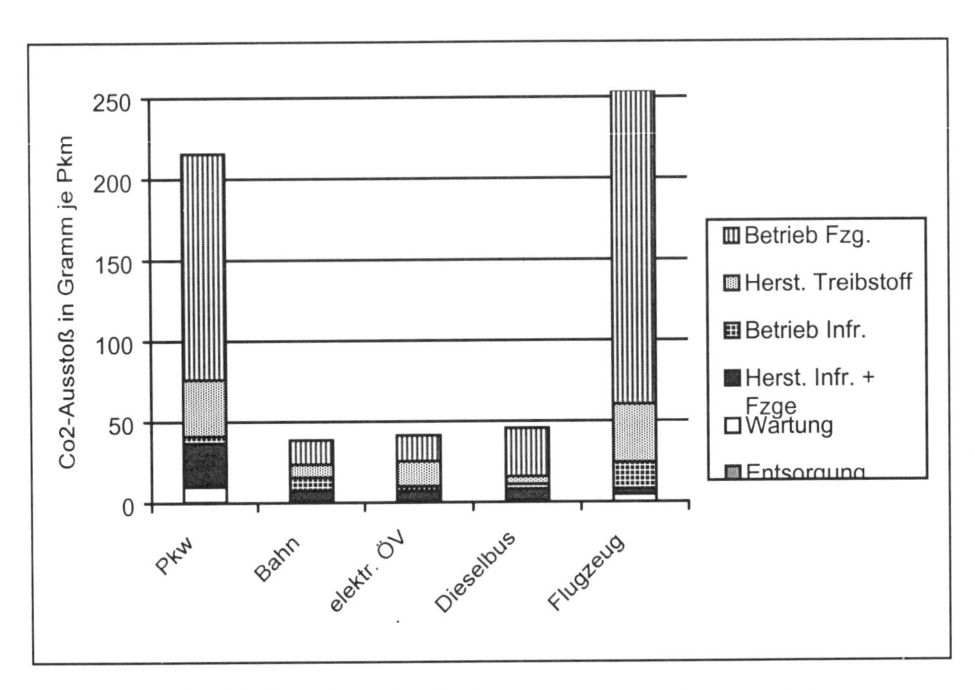

Abb. 2: CO_2-Emissionen der Verkehrsträger in g pro Personen-km (Quelle: Bundesministerium Österreich, 1997, S. 64)

Statt der Brennstoffzelle: flächendeckend emissions- und verbrauchsreduzierte Kfz

Die hier behandelte Strategie ist zielführend, ohne einen politischen Paradigmenwandels zur Voraussetzung zu haben. Dieser wäre zwar hilfreich, stellt aber keine notwendige Bedingung dafür dar. Einige gezielte Anpassungsmaßnahmen genügen, um auch in der Verkehrspolitik auf einen klimaverträglichen Pfad einzuschwenken. Im Kern handelt es sich um eine Effizienzstrategie (Optimierung der Pkw-Flotte durch die „technische Lösung" Einführung des Drei-Liter-Autos). Es werden auch keine dominierenden Interessenpositionen oder konventionelle mediale Erzählungen verletzt. Die Technik ist vorhanden, Rechtsnormen sind bereits erlassen, Anreize für deren Einhaltung bereits eingeführt und die Klimaschutzziele über das Kyotoprotokoll vom Dezember 1997 völkerrechtlich verbindlich. Mit der Euro-4-Norm hat die Europäische Union (EU) eine weltweit führende Rolle bei den Emissionsgrenzwerten im Verkehr übernommen (vgl. Tabelle 2). Der politische Erfolgsdruck ist also auch gegeben. Selbst opportunistische Politiker (und diesem Typus dürfte eine erdrückende Mehrheit angehören) sollten zur Erreichung dieses Zieles in der Lage sein. Mittlerweile wird die D4/Euro 4-Norm - trotz kleiner Unterschiede bei den Messmethoden liegen beide Normen nahe beieinander - auch von kleineren Pkw eingehalten. Selbst Kleinwagen wie der Opel Corsa unterschreiten bereits die D4-Norm.

		Grenzwerte								
		Menge Kohlenmonoxid (CO)		Menge Kohlenwasserstoffe (HC)		Menge Stickoxide (NO_x)		Kombinierte Menge Kohlenwasserstoffe und Stickoxide (HC und NO_x)		Menge Partikel (PM)
	Bezugsmasse	L_1 (g/km)		L_2 (g/km)		L_3 (g/km)		$L_2 + L_3$ (g/km)		L_4 (g/km)
Pkw		Benzin	Diesel	Benzin	Diesel	Benzin	Diesel	Benzin	Diesel	Diesel
A (ab 2000)		2,3	0,64	0,20	--	0,15	0,50	--	0,56	0,05
B (ab 2005)		1,00	0,50	0,10	--	0,08	0,25	--	0,30	0,025
„D 4" (1.7.1997)		0,7	0,47	0,08	--	0,07	0,25	--	0,3	0,025
Aktuelle US-Standards		2,1	2,1	0,25	0,25	0,25	0,25	--	--	0,05
C.A.R.B. TLEV**		2,1	2,1	0,08	0,08	0,25	0,25	--	--	--
C.A.R.B. LEV***		2,1	2,1	0,05	0,05	0,12	0,12	--	--	--
C.A.R.B. ULEV****		2,1	2,1	0,05	0,05	0,12	0,12	--	--	--
Geltende Werte 94/12/EG (kor-rig. Prüfzyklus)		2,7	1,06	0,341	--	0,252	0,63/ 0,81	--	0,71/ 0,91	0,08/ 0,10
Lkw/ Nfz										
A (ab 2000)	< 1305 kg	2,3	0,64	0,20	--	0,15	0,50	--	0,56	0,05
	> 1305 kg < 1760 kg	4,17	0,80	0,25	--	0,18	0,65	--	0,72	0,07
	> 1760 kg	5,22	0,95	0,29	--	0,21	0,78	--	0,86	0,10
B (ab 2005)	< 1305 kg	1,0	0,50	0,10	--	0,08	0,25	--	0,30	0,025
	> 1305 kg < 1760 kg	1,81	0,63	0,13	--	0,10	0,33	--	0,39	0,04
	> 1760 kg	2,27	0,74	0,16	--	0,11	0,39	--	0,46	0,06

Tab. 2: EU-Grenzwerte für Pkw und Lkw - im Vergleich zu USA-Werten (Quelle: KOM(96) 248 endg. v. 18.6.1996, S. 12 und BT-Drucks. 13/8007 v. 23.06.1997, S. 5, 117 ff. und PE-CONS. 3619/1/98 REV 1 v. 13.10.1998, ANHANG Nr. 13, Abschnitt 5.3.1.4.)

Anmerkungen zur Tabelle 2:

* Richtwert

Die Standards des CARB (Californian Air Resources Board) sind:

** Transient Low Emission Vehicle Standard (vorläufiger niedriger Fahrzeugemissionsstandard)

*** Low Emission Vehicle Standard (niedriger Fahrzeugemissionsstandard)

**** Ultra Low Emission Vehicle Standard (äußerst niedriger Fahrzeugemissionsstandard)

- Diese Standards beziehen sich auf Emissionen von Non Metane Organic Gases (NMOG) (organische Nicht-Methangase) und nicht auf Kohlenwasserstoffe (ein großer Teil der HC sind NMOG)
- Der in den USA angewandte Fahrzyklus unterscheidet sich von dem der EU, so dass diese nicht *unmittelbar* vergleichbar sind.
- Für Dieselmotoren sind keine Standards angegeben, da es bei der Pkw-Flotte in den USA praktisch keine Dieselfahrzeuge gibt.

Außerdem sind nach dem derzeitigen Verhandlungsstand europaweit ab 2005 Kraftstoffqualitäten bei Benzin mit einem Benzolgehalt von maximal einem Volumenprozent, einem Schwefelgehalt von max. 30 ppm (in Deutschland demnächst von 10 ppm) und einem Aromatengehalt von 35 Volumenprozent, bzw. bei Dieselkraftstoffen mit einem Schwefelgehalt von max. 50 ppm und einem Polyaromatenanteil von max. einem Volumenprozent in der Planung. Die deutsche Kfz-Steuernorm (zur Festlegung von „D 4“ vgl. Tabelle 2) gibt zur Zeit die folgenden finanziellen Anreize:

	Grenzwerte									Steuersätze		Steuer-befreiungen	
	CO g/km		HC g/km		No_x g/km		HC + No_x g/km		Partikel g/km	DM/100 cm^3		DM	
	Otto	Diesel	Otto	Diesel	Otto	Diesel	Otto	Diesel	Diesel	Otto	Diesel	Otto	Diesel
Euro-1	3,16	3,16	--	--	--	--	1,13	1,13*)	0,18*)	13,20	37,10	--	--
Euro-2	2,2	1,0	--	--	--	--	0,5	0,7*)	0,08*)	12,00	29,00	--	--
Euro-3 (D3)	1,5	0,6	0,17	--	0,14	0,5	--	0,56	0,05	10,00	27,00	250	500
D4	0,7	0,47	0,08	--	0,07	0,25	--	0,3	0,025	10,00	27,00	600	1200
Euro-4	1,0	0,47	0,10	--	0,08	0,25	--	0,3	0,025	10,00	27,00	600	1200
„5-Liter-Auto“	CO_2 120 g/km											500	500
„3-Liter-Auto“	CO_2 90 km/km (= 3,84 l Benzin; 3,45 l Diesel pro 100 km)											1000	1000

Tab. 3: Kraftfahrzeugsteueränderungsgesetz 1997 - Grenzwerte/Steuersätze ab 1.7.1997/Steuerbefreiungen (*für TDI gelten höhere Werte)
(Quelle: Bundesministerium für Umwelt, Naturschutz und Reaktorsicherheit (BMU), Ein Jahr emissionsbezogene Kraftfahrzeugsteuer; Pressemitteilung 50/98 vom 03.08.1998; Stand: Einigung zwischen Europäischem Parlament und Ministerrat vom 29.6.1998. „Euro-3“ tritt EU-weit am 01. 01. 2001 in Kraft, „Euro-4“ am 01. 01. 2006)

Die Bestands- und Emissionsentwicklung am Beispiel CO_2 zeigt die Handlungsmöglichkeiten und den Handlungsbedarf auf:

	Mio t CO_2 ' **1996** Spalte 1	= in % Spalte 2	Mio t ' **2008:' Trend** Spalte 3	= in % Spalte 4	Veränd. Spalte 3 zu 1 Spalte 5	Mio t ' **2008 Sz -2%** Spalte 6	= in % Spalte 7	Veränd. Spalten 6 zu 3 Spalte 8	Veränd. zu Spal. 1 Spalte 9
Pkw Otto-Mot.	90024	56,9%	82384	46,4%	-8,5%	69643	50%	-15,5%	-22,6%
Pkw Diesel Mot.	19094	12,1%	25586	14,4%	+34%	21244	15,2%	-17%	+11,3%
Lkw-Verkehr	49231	31,1%	69532	39,2%	+41%	48532	34,8%	-30,3%	-0,4%
Summe in Mio t	158349		177502			139420			
... in Prozent		100%		100%	+12,1%		100%	**-21,5%**	**-12%**

Trend: Fortschreibung der Trends 1991 bis 1996 auf 10 Jahre;
Szenario Minus 2% Verbrauch p.a.: im Bestand: Verbrauchseinsparung bei Otto und Diesel-Pkw in Höhe von 2% p.a. im Bestand; Lkw-Verkehr minus 2% Verbrauch und zusätzlich minus 2% bei den Fahrzeugkilometer (z.B. höhere Auslastung)

Tab. 4: CO_2-Emissionen im Personen- und Güterverkehr in D 1998 und 2008 in Tsd. t – „Business as usual“ und Szenario. „verbrauchsarme Motoren“ (-2 % p.a.)
(Quelle: Verkehr in Zahlen 1997 und eigene Berechnungen)

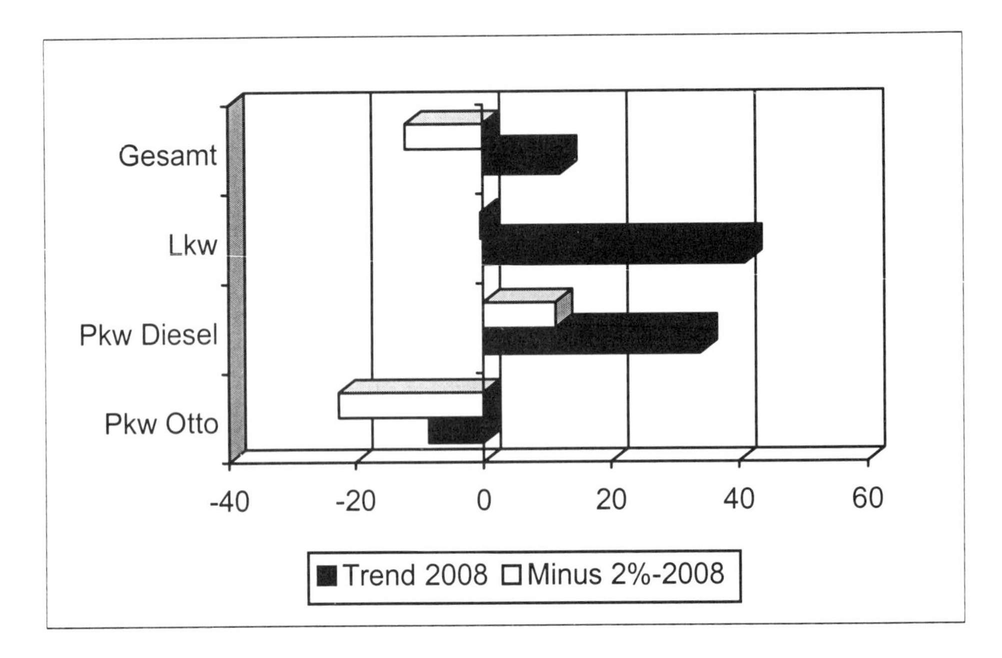

Abb. 3: CO_2-Emissionen 1996 und 2008 – Trend und Minderung um 2% pro Jahr für Otto- und Diesel-Pkw sowie Lkw
(Quelle: Verkehr in Zahlen 1997 und eigene Berechnungen)

Indem die positive Entwicklung bei den Otto-Motoren - pro Jahr ein Prozent weniger Verbrauch im Kfz-Bestand und abnehmende Fahrleistung - leicht verstärkt und auf die Lkw und Diesel-Pkw - die sich expansiv entwickeln - übertragen werden, könnte die Trendentwicklung von plus 12 Prozent umgekehrt werden zu minus 12 Prozent CO_2. Dieses ausgesprochen sanfte Umsteuern würde allerdings nicht dem Erreichen des Klimaziels, weder in der o.g. Formulierung der Bundesregierung aus dem Jahr 1990, noch gemäß der Kyoto-Konferenz (minus 21 Prozent bis 2008/2012), genügen. Gezielte Förderung durch eine aufkommensneutrale (durch Fehleinschätzung fiel allerdings in den letzten Jahren ein Einnahmeminus von 1 Mrd. DM an) weitere Spreizung der Steuersätze zu Lasten der „Stinker“ und „Säufer“ oder ordnungsrechtliche Vorschriften (Flottenverbrauch bezogen auf verkaufte Fahrzeuge) könnten noch wesentlich größere Effizienzspielräume aufzeigen.

Ausgewählte Vergleichsergebnisse und der Beitrag der Brennstoffzelle zur Lösung von Umweltproblemen

Im folgenden werden die, im Rahmen dieses Buches von anderer Seite ausführlicher dargelegten, Ergebnisse des Umweltbundesamtes kurz diskutiert.

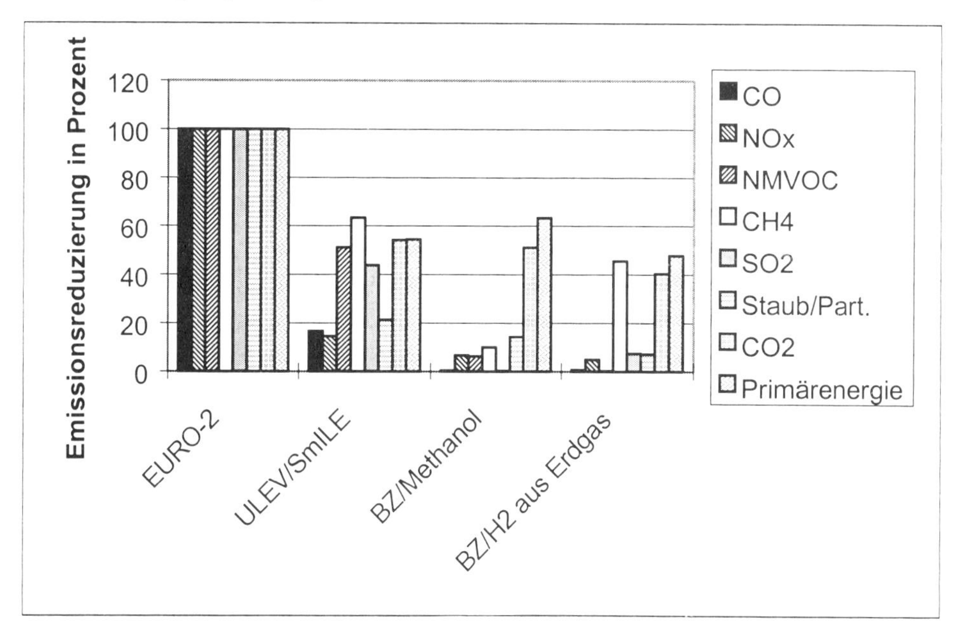

Abb. 4: Spezifische Emissionen von Vergleichsfahrzeugen – Euro-2 (=100%), Brennstoffzelle (BZ) Methanol, BZ H2 aus Erdgas – über die gesamte Produktkette
(Quelle: Kolke, R. 1998, S. 39)

Die größten Einsparpotentiale der Brennstoffzelle betreffen die „klassischen" Schadstoffe CO, NOx oder flüchtige Kohlenwasserstoffe (NMVOC) etc.. Diese Schadstoffe können bereits durch das ULEV-Fahrzeug stark reduziert werden. Zukünftig weiter verbesserte Reinigungstechnologien (Magerkatalysator, DeNOx-Katalysator) in Ergänzung zum Drei-Wege-Katalysator werden noch weitergehende Reduktionsmöglichkeiten eröffnen. Voraussetzung dafür sind verbesserte Kraftstoffqualitäten. Damit lassen sich die o.g. Qualitätsziele bei den Schadstoffen in den nächsten fünf Jahren mit verbesserter Technik - insbesonders durch Ottomotoren - lösen. Politischer Entscheidungsbedarf bleibt allerdings noch im Bereich der Partikelemissionen.

Bei den wesentlich schwierigeren Problemen der Reduzierung der CO_2-Emissionen und des Primärenergieverbrauchs weist die Brennstoffzelle gegenüber dem Drei-Liter-Auto keinen nennenswerten Vorteil, wegen der zu vermutenden geringeren Marktverbreitung und der wesentlich späteren Serienreife sogar einen schwerwiegenden umweltpolitischen Nachteil auf. Die Nachteile beim „Handling“ aus der Sicht der Kunden (schwache Motorisierung mit 18 KW gegenüber 40 KW bei SmILE, Probleme des Aufbaus eines flächendeckenden Tankstellennetzes etc.) scheinen kaum überwindbar zu sein. Spezielle Fördermaßnahmen zugunsten einer bestimmten Techniklinie - über die Vorschriften der EURO-4-Norm und die allgemeinen Fördertatbestände der Kfz-Steuer hinaus - sind abzulehnen.

Die heute technisch und ökonomisch noch nicht bewertbare Möglichkeit einer regenerativen Brennstoffzelle könnte langfristig interessant sein. Hier gibt es in der Tat Forschungs- und Entwicklungsbedarf.

Die eingeschränkte Brauchbarkeit des Brennstoffzellenautos wird es zu einem Nischendasein verurteilen. Diese Nischen liegen vermutlich in sensiblen Orten und Ortsteilen sowie bei Bussen oder Nutzfahrzeugen, wo die höheren Anschaffungskosten und die Tankstelleninfrastruktur weniger ausschlaggebend sind (allerdings kann man fragen, ob öffentliche Verkehrsunternehmen massiv in Technikstrategien investieren sollen, die für die Gewinnung von Fahrgästen wenig, wenn überhaupt etwas bewirken). Für den augenblicklichen Entwicklungseifer, z.B. bei Daimler-Chrysler, dürfte nicht zuletzt die californische Gesetzgebung für (lokale) „Null-Emissions-Fahrzeuge“ (Clean Air Act) maßgeblich sein.

Die ökonomische und soziale Dimension schlagen ebenfalls gegen das Brennstoffzellenauto aus. Weil dieses wesentlich teurer als optimierte herkömmliche Pkw ist, muss eine kosteneffiziente Strategie zur Reduzierung des Kraftstoffverbrauchs und der Schadstoffemissionen in der raschen Markteinführung von Drei-Liter-Autos bestehen.

Die technischen Reduktionspotentiale der Schadstoffe gegenüber dem ULEV-Fahrzeug fallen bei den Brennstoffzellen nur unwesentlich höher aus (49 gegenüber 46 Prozent beim CO_2 im Vergleich zum Euro-2-Fahrzeug); bei regenerativem Wasserstoff betragen sie (hinsichtlich der direkten Emissionen) allerdings 100 Prozent. Das Reduktionspotential der sparsamen ULEV-Fahrzeuge gegenüber den heutigen Euro-2-Fahrzeugen liegt auch bei NMVOC (Nicht-Methan flüchtige Kohlenwasserstoffe) bei rund 50 Prozent; bei NOx und CO liegen sie bei über 80 Prozent. Und diese Fahrzeuge können eine weite Verbreitung erreichen, weil sie im Vergleich zu heutigen Pkw veritable „Sparbüchsen“ sind.

Der leichte Vorteil der Brennstoffzellenfahrzeuge gegenüber dem sparsamen ULEV-Pkw bei den Emissionen wird durch die Nachteile bei den Kosten mehr als aufgewogen. Entscheidendes Kriterium für den BUND ist die Frage, zu welchen Kosten CO_2-Emissionen vermieden werden. CO_2-Minderung wird in den nächsten Jahren vermutlich die dringlichste umweltpolitische Aufgabe sein. Nach den Berechnungen des UBA spart das Greenpeace-ULEV-Fahrzeug gegenüber dem EURO II-Pkw 23 Prozent bzw. 110 DM/Tonne CO_2 ein, während das Brennstoffzellenauto um gut 10 Prozent , die regenerative Brennstoffzelle um über 160 Prozent über den Kosten für das Euro-2-Fahrzeug liegt. Aufgrund der beträchtlichen Kosten der regenerativen, aber auch der fossilen Brennstoffzellen-Technologie im Vergleich zum 3-Liter-Auto, ist das Brennstoffzellenauto also kaum in der Lage, das CO_2-Problem zu lösen. Es bietet nur eine Scheinlösung an. Eine schnelle Einführung von verbrauchsoptimierten ULEV-Pkw kann 15 bis 20 Prozent CO_2-Reduzierung in 10 Jahren erreichen.

Nimmt man an, bei den Neuwagen mit Ottomotor sinke der Verbrauch in den nächsten fünf Jahren jeweils um fünf Prozent, anschließend fünf Jahre lang um jeweils drei Prozent, läge der Durchschnittsverbrauch statt bei heute 9,1 l/100 km (Ottomotoren, 1996) nach 10 Jahren bei 6,0 Litern pro 100 km. Werden 60 Prozent der Wagenflotte in diesen Jahren erneuert, beträgt die CO_2-Minderung bei gleichbleibenden Kilometerleistungen im 10. Jahr insgesamt 20 Prozent. Eine rationale politische Handlungsstrategie muss sich auf die Erschließung dieses technisch-wirtschaftlichen Potentials konzentrieren. Die letztgenannte Größenordnung der CO_2-Minderung im Verkehr ist nicht nur ohne ökonomische Strukturbrüche erreichbar, sondern ist zugleich mit ökonomischen und sozialen Vorteilen verbunden - mit einem Wort: zukunftsfähig.

Kritisch wäre in diesem Zusammenhang nur zu sehen, wenn diese Bestandsumwälzung mit einer Zunahme der Stoffströme einherginge. Deshalb müssen zusätzliche Maßnahmen zur Verbesserung der Langlebigkeit, der Rücknahme und des Recyclings aller (nicht nur der neuen) Kraftfahrzeuge eingeführt oder vereinbart werden. Wegen der bereits heute an vielen Stellen nicht mehr verträglichen Belastungen (z.B. Lärm) und zu hoher Stoffströme, müssen zugleich auch Maßnahmen der Verkehrsvermeidung und Verkehrsverlagerung ergriffen werden.

Fazit

Die o.g. Qualitätsziele einer zukunftsfähigen Entwicklung sind im wesentlichen mit Hilfe der heute vorhandenen Technik erreichbar. Die Maßnahmen dafür bedürfen keiner grundlegenden Änderung der politischen Rahmenbedingungen, sondern nur deren punktueller Ergänzung (generelles Tempolimit, europäische Flottenverbrauchsvorschriften, weitere Spreizung der Kfz-Steuer, Subventionsabbau, fahrleistungsbezogene Schwerverkehrsabgabe). Dieses Vorgehen ist nicht nur ein ökologisches, sondern auch ein ökonomisches und soziales „Muss", eine „win-win"-Strategie. Flankierende Maßnahmen sind zu ergreifen, um eine Zielverfehlung im Bereich der Stoffströme bzw. des Ressourcen schutzes zu verhindern.

Unter dem oben ausgebreiteten Ziel der Nachhaltigkeit schneidet demnach das Drei-Liter-Auto eindeutig besser als das Brennstoffzellenauto ab. Das Brennstoffzellenauto auf fossiler Basis - und um dieses geht es hier fast ausschließlich - stellt im Gegenteil eine Scheinlösung auf falscher Vergleichsbasis dar (eine Zukunftstechnik wird mit dem Neun-Liter-Dinosaurierauto verglichen und nicht mit dem emissions- und verbrauchsoptimierten Drei-Liter-Auto wie z.B. dem SmILE; es werden die direkten Emissionen statt die Produktkette als Grundlage herangezogen). Eine der größten politischen Gefahren besteht darin, dass mit Blick auf den „Spatz auf dem Dach“ (Brennstoffzelle) die „Taube in der Hand“ (Drei-Liter-Auto) verschmäht wird. Lediglich in einer Brennstoffzelle mit Wasserstoff auf regenerativer Basis wird vom BUND als eine langfristige Entwicklungschance gesehen. Allerdings stellt sich hier das Kostenproblem noch deutlich schärfer.

Die Potentiale zur Lärmreduzierung durch die Brennstoffzelle bestehen ebenfalls nur auf den ersten Blick. Effektive Lärmminderung ist ohne eine weite Marktdurchdringung nicht möglich. Werden Busfahrten substituiert, wäre der Effekt auf die Wohnumfeldverträglichkeit infolge des hohen Raumbedarfs sogar negativ.

Auf die Ziele des Natur- und Landschaftsschutzes hat das Brennstoffzellenauto als zusätzliches (statt als substituierendes) Angebot negative Auswirkungen. Diese müssen durch Strategien der Verkehrsvermeidung und der Verkehrsverlagerung angegangen werden. Hier sind die bekannten Verkehrsvermeidungsstrategien der integrierten Siedlungs- bzw. Standortplanung, der verbesserten Logistik und Kommunikation, des Abbaus verkehrserzeugender Subventionen, der Anlastung externer Kosten etc. sowie die Verlagerungspolitik durch infrastrukturelle und imageverändernde Maßnahmen zielführend - jedenfalls dann, wenn intelligente und zukunftsfähige Lösungen wirklich gewollt werden.

Bibliographie

Bundesministerium für Jugend und Familie der Bundesrepublik Österreich (Hrsg.): Umweltbilanz, Verkehr in Österreich 1950-1996. Technischer Bericht, Wien 1997

Gorißen, Norbert: Konzept für eine nachhaltige Mobilität in Deutschland, Manuskript zum Vortrag anlässlich des Vierten Karlsruher Seminars zu Verkehr und Umwelt 28./29.11.1996 der Deutschen Verkehrswissenschaftlichen Gesellschaft e.V.

Institut für Kraftfahrwesen RWTH Aachen (Hrsg.): Neue technische Entwicklungen und deren Potentiale zur Verringerung der Emissionen von Landverkehrsmitteln, Ika-Bericht 8324 in: Studie für die Enquete-Kommission: Zukunft der Mobilität, 1998

Kolke, Reinhard: Technische Optionen zur Verminderung der Verkehrsbelastungen: Brennstoffzellenfahrzeuge, Umweltbundesamt (31.3.98)

Petersen, Rudolf / Bone-Diaz, Harald: Das Drei-Liter-Auto, Basel 1998.

Umweltbundesamt (Hrsg.): Nachhaltiges Deutschland Wege zu einer dauerhaft-umweltgerechten Entwicklung, Sonderdruck

Sachverständigenrat für Umweltfragen: Umweltgutachten 1994 des Rates von Sachverständigen für Umweltfragen für eine dauerhaft-umweltgerechte Entwicklung, BT-Drucks. 12/6995, 1994

Einsatz der Brennstoffzelle im ÖPNV

Klaus Behrmann

Hamburger Hochbahn AG

Einsatz der Brennstoffzellen im ÖPNV

Einleitung

Die Überschrift mag einige Experten verwundern - ausgerechnet der defizitäre ÖPNV beschäftigt sich mit Brennstoffzellen. Ist es „Technikverliebtheit" einiger Großbetriebe, ist es ein „dabei sein wollen", wenn die Fahrzeug-Industrie sich der Brennstoffzelle annimmt - oder ist es gar eine Notwendigkeit, um den zukünftigen Anforderungen des ÖPNV`s gerecht zu werden?

Der Anteil des ÖPNV`s am innerstädtischen Verkehr beträgt nur rund 1 bis 1,5 Prozent - zumindest in Hamburg. In anderen Großstädten sieht dies jedoch nicht viel anders aus. Der Anteil der Emission ist etwas höher; ungefähr bei 3,5 Prozent. Diese Zahlen machen deutlich, dass eine schlagartige Verminderung der Emissionen des ÖPNV´s in der Stadt gar nicht zu bemerken wäre. Trotzdem ist die Hamburger Hochbahn AG (HHA) bemüht, ihren Beitrag zu Reduktion der Emissionen zu leisten.

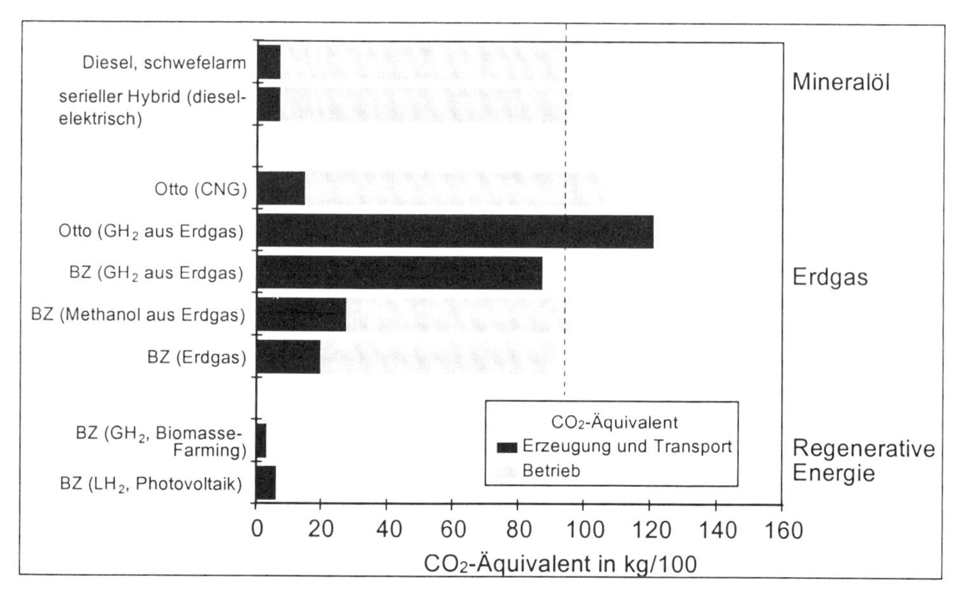

Abb. 1: Klimarelevante Emissionen von Linienbusantrieben (Quelle: Müller-Hellmann, Schmidt, Pütz: Die Zukunft der Busantriebstechnik, in: Der Nahverkehr (Sonderdruck) 5/98, S. 7)

Folgend soll das Thema Brennstoffzelle sowie die Beweggründe zur Annäherung an diese Technologie aus der Sicht eines Busbetreibers, der Hamburger Hochbahn AG, dargestellt werden.

Anforderungen des Verkehrsbetriebes an den Stadtbus

Die Anforderungen des Verkehrsbetriebes an den Stadtbus orientieren sich

- an den Bedürfnissen der Fahrgäste und
- an den betrieblichen Rahmenbedingungen.

Die Bedürfnisse der Fahrgäste sind überwiegend bekannt - man kann sie umschreiben mit dem Sammelbegriff „Fahrgastfreundlichkeit“ (hier nur fahrzeugbezogen). Die Fahrgastfreundlichkeit beginnt mit dem äußeren Erscheinungsbild.

Es soll freundlich und einladend sein; klare Abläufe erkennen lassen - also ein Informationssystem mit großen Fahrzielanzeigen aufweisen - besser noch Fahrtverlaufanzeigen beinhalten. Der Fahrgastraum soll hell sein, mit großen Seitenscheiben um die Stadt mitzuerleben; er soll aufgeräumt und farblich ansprechend sein. Das Klima muss stimmen; im Winter soll es warm sein und im Sommer - trotz großer Sonneneinwirkung - relativ kühl und mit Frischluft gut durchflutet sein (also Klimaanlage).

Während der Fahrt erwartet der Fahrgast Informationen zu den nächsten Haltestellen. Die Fahrt selbst soll fließend sein - also ruckfrei - keine spürbaren Beschleunigungen (positiv wie negativ); sie soll möglichst geräuscharm sein. Ebenso reibungslos sollte der Fahrgastwechsel an den Haltestellen laufen - lästige Abblasgeräusche der Druckluft-Türanlage gilt es zu vermeiden. Die aufgezählten Kriterien sind nur eine Auswahl von Annehmlichkeiten, die dem Fahrgast das Reisen mit dem ÖPNV angenehmer erleben lassen. Sie können noch vielfach erweitert werden. Aber eines haben sie alle gemeinsam - sie benötigen Strom.

Alle Stadtbusse leiden heute an akutem Strommangel. Die Ladebilanz der Lichtmaschine, in Abhängigkeit des Einsatzprofiles der Busse mit geringer Motordrehzahl und hohem Leerlaufanteil, ist nicht geeignet, den Strombedarf aller Stromverbraucher dauerhaft zu decken. Als Beispiel, in Hamburg bestehen Linien mit 55 Prozent Leerlaufanteil, d.h. der Bus steht fast permanent vor der Ampel oder an der Haltestelle. Nur durch zusätzliche Unterstützung (durch Elektranten auf dem Abstellplatz der Busse) läßt sich der Befüllungsgrad der Batterien im oberen Level halten. Dadurch wird ausreichend Kapazität für den Motorstart und den Betrieb der übrigen Stromverbraucher, auch bei bzw. nach einem Motorstillstand, gewährleistet.

Zu den betrieblichen Rahmenbedingungen gehören zunächst die linienbezogenen Einsatzverhältnisse;

- die Linienlänge (Batterieaufladung) und
- die Pausenlänge an den Endhaltestellen mit Informationsangebot am Fahrzeug und dem Energiebedarf für den Fahrer (Heizung/Klima),

demnach der Strombedarf bei Stillstand des Fahrzeuges/Motors.

Folgend sind weitere Einsatzbedingungen aufgeführt, die Einfluss auf die technische Auslegung des Omnibusses haben;

- das Fahrzeug wird jeden Abend zum Betriebshof zurückgefahren und bleibt dort über Nacht stehen,
- die tägliche Laufleistung beträgt etwa 300 km,
- es ist eine tägliche Innenreinigung erforderlich,
- nach Bedarf fällt eine Außenreinigung an (ca. alle 3 Tage),
- das Fahrzeug muss täglich versorgt werden (Scheibenwaschanlage, Tachoscheibe, etc.),
- kleine Fehler am Fahrzeug müssen erkannt und beseitigt werden und
- die Energieversorgung muss in ca. 3-4 Minuten abgewickelt sein.

Diese Punkte sind zwar unabhängig von der Art des Antriebsstranges eines Stadtomnibusses - sie haben aber Einfluss auf die Infrastruktur des Betriebs hofes.

Die Infrastruktur des Betriebshofes wiederum hat erheblichen Einfluss auf die Lebenszykluskosten (LCC) des Bussystems. Besonders vor dem Hintergrund der Regionalisierung und der Umsetzung wettbewerbsorientierter EG-Regelungen im ÖPNV, ist die Wirtschaftlichkeit und Effizienz eines Systems bzw. Teilsystems von entscheidender Bedeutung für den Busbetreiber.

Der Auftraggeber für den Busbetreiber im ÖPNV ist i.d.R. die „öffentliche Hand“, also die Kommunen. Diese Kommunen wiederum sind politische Instanzen, die ein bestimmtes Konzept verfolgen (wie z.B. ÖPNV stärken, CO_2-Produktion reduzieren, mindestens im Stadtkern möglichst abgasfrei fahren, Gestaltung von behindertengerechten ÖPNV usw.) und bei der Auftragsvergabe bedenken. Das führt dazu, dass die Busbetreiber (zumindest die größeren, städtischen) in eine Vorreiterrolle gedrängt werden, um bestimmte Entwicklungen zu initiieren bzw. zu beschleunigen. Diese Pilotfunktion wird offenbar von den betreffenden Betreibern gerne wahrgenommen. Das Problem ist nur, es gibt keine zusätzliche „Vergütung“, die dem Aufwand entgegenstehen würde. Fast im Gegenteil - die städtischen Busbetreiber sind angehalten, ihre Kosten zu reduzieren, um wettbewerbsfähig zu werden. Wenn also ein bestimmtes Projekt nicht durch GVFG

(Einkaufsbedingungen) gefördert wird, ist der Betreiber in der schwierigen Lage, den Zielen des Auftraggebers, die über die reine Abwicklung des ÖPNV hinausgehen und meistens mit technischen Weiterentwicklungen bzw. Neuerungen verbunden sind, mit weniger Geld gerecht werden zu müssen.

Die Busindustrie hingegen beklagt, dass die enge Marge und die relativ geringen Stückzahlen in der Busbranche es nicht zulassen, dass hohe Entwicklungskosten über den Verkaufspreis des Busses neutralisiert werden.

Also gilt es kostenproduzierende Weiterentwicklungen mit Komponenten zu tätigen, die ihre Anwendung und ihren Kostendeckungsbeitrag auch in anderen Branchen finden.

Brennstoffzelle - die Energiequelle des Verkehrsbetriebes

Es ist absehbar, dass Brennstoffzellen sich in allen Größen (Stacks) zusammenstellen lassen, um als Energiequelle zu wirken. Sie eignen sich somit für Heizkraftwerke als auch für Armbanduhren.

Man stelle sich vor, ein Busbetrieb käme mit einem Energieträger aus; Wasserstoff könnte eingesetzt werden

- für die Stromversorgung und Heizung des Betriebshofes,
- für die Stromversorgung und Heizung der angrenzenden Betriebswohnungen,
- als Treibstoff für die Busse und
- als Treibstoff für die übrigen Dienstfahrzeuge.

Es gäbe keine Probleme bzw. Einschränkungen mehr aufgrund von Lärm durch Fahrzeugbewegungen oder Abgasen auf dem Betriebshof. In vielen Städten, so auch in Hamburg Harburg, liegen die Betriebshöfe mitten in Wohngebieten; was sich durch die Expansion der Städte entwickelt hat. In Wohngebieten ist es häufig untersagt, Lärm zwischen 22 Uhr und 6 Uhr auf dem Betriebshof zu verursachen. Ein Antriebssystem ohne Lärm- und Abgasemissionen wäre daher eine wünschenswerte Lösung. Die Frage also, wie kommen wir dahin?

Erste Ansätze zur Wasserstoffnutzung

In Hamburg Bahrenfeld betreiben die Hamburger Elektrizitätswerke (HEW) gemeinsam mit den Hamburger Gaswerken (HGW) ein Brennstoffzellen-Heizkraftwerk zur Beheizung und Warmwasserversorgung von Wohngebäuden.

Auf dem Flughafen in München wird ein geschlossenes System der Wasserstofftechnologie umgesetzt; d.h. Wasserstofferzeugung, Verteilung (Tankstelle) und Nutzung in Vorfeldfahrzeugen (MAN).

Der NEBUS von Mercedes Benz ist ein nahezu normaler Stadtbus mit Brennstoffzelle. Durch die Verbindung von Mercedes Benz und der Firma Ballard (Vancouver/Kanada) wird erwartet, dass die Erfahrungen aus Nordamerika mit Brennstoffzellen-Stadtbussen im normalen Linienverkehr die Entwicklungen bei uns beschleunigen werden.

Ein neues Projekt mit dem Namen W.E.I.T. (Wasserstoff Energie Island Transfer), welches zunächst auf den Raum Hamburg begrenzt ist, wird von 12 privaten und kommunalen Unternehmen getragen. Im Rahmen dieses Projektes werden sechs Serienlieferwagen des Typs „Sprinter“ mit Ottomotor auf Wasserstoffbetrieb umgerüstet. Der Umbau der Fahrzeuge erfolgt bei der Hamburger Hochbahn-Tochtergesellschaft Fahrzeugwerkstätten Falkenried GmbH (FFG). Die Hochbahn betreibt ein Fahrzeug als Service-Wagen im Busbereich.

Der genannte Hamburger Partnerverbund sieht sich als Wegbereiter einer flächendeckenden Nutzung der Wasserstofftechnologie. Es gibt viele Gründe, weshalb die HHA großes Interesse daran hat, sich an diesem Projekt zu beteiligen. Hauptsächlich soll der Umgang mit dem Wasserstoff zur Normalität werden. Es darf nicht passieren, dass keine Fahrgäste in einen durch wasserstoffbetriebenen Bus einsteigen, aus Angst, der Bus könnte in die Luft fliegen.

Ein Meilenstein auf diesem Weg zum wasserstoffbetriebenen Brennstoffzellen-Bus war Anfang Januar 1999 die Eröffnung der ersten öffentlichen Wasserstoff-Tankstelle auf dem Gelände der Hamburger Gaswerke in Hamburg Tiefstack. Der Wasserstoff wird zunächst aus der Hamburger Industrieproduktion bezogen. Nach einer einjährigen Testphase soll ein durch regenerative Energie erzeugter Wasserstoff zum Einsatz kommen.

In diesem Zusammenhang sollte auch das Projekt EQHHPP (Euro Quebec Hydro - Hydrogen Pilot Projekt) erwähnt werden. In dieses Projekt projektierten viele europäische und kanadische Firmen aus Sicht der Verbraucher

- die Wasserstofferzeugung,
- den Transport und
- den Verbrauch.

Die HHA hat zu diesem Projekt die Vorplanung für einen auf Wasserstoffbetrieb ausgerichteten Betriebshof für Busse beigetragen.

Skoda plant im Jahre 2001 etwa 50 bis 100 Elektrobusse für Brennstoffzellen zu bauen.

Die aufgeführten Punkte machen deutlich, dass das Thema Wasserstoffanwendung und Brennstoffzelle greifbar nahe gerückt ist. Auch die HHA will und kann sich diesem Themenkomplex nicht mehr entziehen.

Wie geht es weiter?

Die erste Wasserstoffanwendung im Busbereich ist vorstellbar in Form einer Brennstoffzelle als Energiequelle in Verbindung mit einem elektrischen Antriebsstrang. Die Aussagen der Industrie, wann und zu welchem Preis dieses Konzept als Serienlösung zur Verfügung stehen wird, sind noch sehr unverbindlich. Es ist aber davon auszugehen, dass ab 2004 erste Versuchsträger im Linienverkehr zum Einsatz kommen und ab 2010 die Brennstoffzelle die Verbrennungskraftmaschinen im Bus ablösen wird.

Konkret können folgende Vorteile der Brennstoffzelle genannt werden:

- Lokal emissionsfreier Betrieb,
- hoher Wirkungsgrad über weiten Lastbereich (45%),
- geräuscharmer und vibrationsfreier Betrieb,
- niedrige Betriebstemperaturen,
- hohe Lebensdauer,
- hoher Fahrkomfort durch elektrischen Antrieb,
- ruckfreier, fließender Fahrtverlauf,
- Position der Energiequelle unabhängig von der Lage des Antriebs,
- mögliche Energierückgewinnung und
- eine ausreichende Stromversorgung des Busses in allen Betriebszuständen.

Die Ablösung des Verbrennungsmotors erfolgt, von heute an gerechnet, in weniger Jahren, als es ein „Busleben“ ausmacht. Es stellt sich daher die Frage, ob es nicht sinnvoll wäre, die Busbeschaffung der nächsten Jahre auf den späteren Betrieb mit Brennstoffzellen auszurichten; z.B. könnten periphere Bauteile der Brennstoffzelle, wie elektrischer Achsenantrieb, schon jetzt in die Ausrüstung genommen werden. Diese Vorgehensweise würde den schon begonnenen Übergang vom reinen Maschinenbau zur Fahrzeug-Elektrik und Fahrzeug-Elektronik beim Busbetreiber dezent, aber zweifellos für Fahrer, Werkstatt- und Service-Personal manifestieren.

Es würde sich anbieten, Diesel- und elektrischen Antrieb zu kombinieren. Ein Dieselaggregat als Antrieb für einen Generator, der über einen Wechselrichter elektrische Radnaben antreibt. Eine Steigerung wäre der Hybrid-Bus, der über kurze Strecken abgasfrei fahren kann. Neben den bereits erwähnten Aggregaten wäre für dieses Fahrzeug eine Batterie als Energiespeicher notwendig.

Welche Vorgehensweise für einen Verkehrsbetrieb auf Dauer die wirtschaftlichste Lösung sein wird - kann nicht pauschal beantwortet werden. Zu viele Einflussgrößen spielen hierbei eine Rolle; z.B.

- das Emissionskonzept der Kommune bzw. des Unternehmens,
- die Energiewirtschaft des Verkehrsbetriebes,
- die Einkaufsbedingungen (GVFG),
- Kooperationsgrad mit der Industrie zur Erprobung neuer Technologien,
- Nutzungszeit der Busse und
- das Werkstattkonzept.

Demzufolge wird der Einstieg aller Verkehrsbetriebe in das Zeitalter der Wasserstoffnutzung einen zeitlich breiten Rahmen bilden. Da die Brennstoffzelle jedoch hervorragend die Emissionsvorstellungen eines städtischen Verkehrs mit den Komfortanforderungen der Fahrgäste vereint, erscheint eines sicher: Die Brennstoffzelle im ÖPNV kommt.

Zusammenfassung

Das Anliegen der Verkehrsbetriebe ist es, den öffentlichen Nahverkehr umwelt- und ressourcenschonend zu gestalten.

Wasserstoff wird einer der umweltfreundlichsten Treibstoffe sein, wenn er nicht - wie heute überwiegend - mit Hilfe fossiler Brennstoffe, sondern beispielsweise mit Hilfe von Wasserkraft gewonnen werden kann. Der Vorteil liegt vor allem darin, dass bei der Verbrennung kein klimarelevantes CO_2 entsteht und damit auch eine globale Emissionsminderung unterstützt wird. In zahlreichen Projekten werden weltweit Antriebstechniken und Infrastrukturen zur Wasserstofferzeugung entwickelt und erprobt.

Das langfristige Ziel ist ein nahezu emissionsfreier Busverkehr mit elektrischer Antriebstechnologie und einer Brennstoffzelle, die mit Wasserstoff aus regenerativer Energie gespeist wird.

Es ist deutlich geworden, dass ein Verkehrsbetrieb ein großes Interesse daran hat, die Brennstoffzelle im Busbetrieb zu bekommen. Auf diese Weise könnten die Wünsche der Fahrgäste erfüllt werden. Die HHA hofft durch den Einsatz dieser neuen Technologie einen weiteren Beitrag zur Emissionsminderung zu leisten, um schließlich mit einem besseren Angebot die Individualverkehre stärker in den ÖPNV zu ziehen.

Burkhard Eberwein

Berliner Verkehrsbetriebe

Die Brennstoffzelle aus Sicht der Berliner Verkehrsbetriebe

Einleitung

Als größter deutscher Verkehrsbetrieb mit rund 1500 Omnibussen sind die Berliner Verkehrsbetriebe (BVG) verpflichtet, auch im Bereich des Umweltschutzes Maßstäbe zu setzen. Bereits 1996 wurde ein von der EU geförderter Feldversuch mit zehn Erdgasbussen durchgeführt. Diese Fahrzeuge waren über einen Zeitraum von zwei Jahren im Betrieb. Am Ende des Versuchs kam man aber zu dem Schluss, Erdgasbusse nicht weiter zu betreiben. Grund für diese Entscheidung war die sehr eingeschränkte Reichweite der Erdgasbusse im Vergleich zu konventionellen Dieselbussen. Die geringe Reichweite wurde aufgrund von häufigen Stop-and-Go-Verkehr und den damit verbundenen hohen Verbrauchswerten verursacht.

Bezüglich der Partikelemissionen gibt es Probleme in bestimmten Bereichen der Innenstadt. Auch von der Politik besonders hervorgehobene Bereiche, z.B. Neubaugebiete, sollen den Anspruch einer besonders emissionsarmen Verkehrsanbindung erfüllen.

Bis zur Serienreife der Brennstoffzelle und der damit verbundenen Einführung von Nullemissionsfahrzeugen setzt die BVG bereits den von der EU erst ab 2005 geforderten schwefelfreien City Diesel ein. Die Busflotte wird bis zum Jahresende 2000 mit neu zur Verfügung stehenden CRT-Abgasfiltern (Continuously Regenerating Trap) ausgerüstet. Der Einsatz des CRT-Filtersystems, bestehend aus einem Oxidationskatalysator und einem Rußfilter, reduziert den Partikelanteil letztendlich auf die messtechnische Nachweisgrenze und führt auch bei den übrigen Schadstoffen zu erheblichen Absenkungen.

Durch diese Maßnahme wird relativ kostengünstig eine erhebliche Umweltentlastung erreicht.

Berlinspezifisch ist, dass sich der Busbetrieb in dieser Stadt gegenüber der Straßenbahn in einer Konkurrenzsituation befindet. Hierzu liegen Erkenntnisse aus anderen Städten vor, dass ein Bus- oder spurgeführtes Bahnbussystem als Gesamtsystem, bezogen auf eine bestimmte Fahrgastbeförderungszahl, nur ein Drittel der Kosten verursacht, wie eine herkömmliche Straßenbahn. Es ist davon auszugehen, dass zumindest in einigen Anwendungsbereichen, wie beispielsweise in Fußgängerzonen, die Forderung des Betriebes von Omnibussen ohne Emission immer lauter werden wird.

Um hierzu die weitere Entwicklung zu einem schadstofffreien und besonders leisem Omnibus aktiv zu unterstützen, erfolgt die Beteiligung an einem entsprechenden THERMIE-Programm.

Die folgenden Ausführungen beschreiben den aktuellen Planungs- und Sachstand des im Oktober 98 begonnenen Brennstoffzellenbusprojekts:

Projektinhalt

Das „Brennstoffzellenbusprojekt Berlin, Kopenhagen, Lissabon" (Fuel Cell Bus for Berlin, Copenhagen, Lisbon) wird auf europäischer Ebene in Kooperation mehrerer europäischer Hersteller und Verkehrsbetriebe realisiert und aus Eigenmitteln der Hersteller und Verkehrsbetriebe sowie einer Kofinanzierung aus dem THERMIE-Programm der Europäischen Kommission, Generaldirektion XVII, finanziert.

Das Projekt wird weltweit erstmalig die Anwendung eines mit flüssigem Wasserstoff angetriebenen Brennstoffzellenbusses im regulären innerstädtischen öffentlichen Nahverkehr demonstrieren. Damit verlässt die zukunftsträchtige Brennstoffzellentechnologie die Forschungseinrichtungen und Labore und kann als fortschrittliche und umweltfreundliche Technologie zur Verbesserung des innerstädtischen Nahverkehrs eingesetzt werden. Das Projekt wird die aus der breiteren Markteinführung resultierenden langfristigen Vorteile für städtische Anwendungen herausstellen.

Der eingesetzte Brennstoffzellenbus ist ein „Nullemissionsfahrzeug". Das heisst, es wird lediglich Wasserdampf emittiert. Durch den Einsatz des Elektroantriebes ist es möglich, den Bus auf seiner vollen Länge als Niederflurbus zu gestalten. Dadurch wird die Benutzerfreundlichkeit, insbesondere für behinderte Fahrgäste sowie Fahrgäste mit Kinderwagen oder größeren Lasten, erheblich erhöht.

Der Straßenverkehr ist einer der größten Verunreiniger der städtischen Umwelt. Daher suchen städtische Entscheidungsträger und Verkehrsplaner anhaltend nach neuen Wegen, um die lokale Luftqualität in ihren Städten durch die Veränderung des Verhaltens der Verkehrsteilnehmer zu verbessern. Resultierend aus der Demonstration der Vorteile eines nicht-fossilen, Nullemissionsbrennstoffes (geringere Emissionen und weniger Lärm), wird erwartet, dass Hersteller und Stadtplaner ermutigt werden, Brennstoffzellentechnologie in die zukünftige Stadt- und Verkehrsplanung einzubeziehen. Die Anwendung der innovativen Brennstoffzellentechnologie wird darüber hinaus zeigen, wie sich die Abhängigkeit Europas von fremden Energiequellen verringern lässt. In Hinsicht auf eine breitere Markteinführung der Brennstoffzellentechnologie wird das Projekt für Hersteller und Forschungseinrichtungen Aufschlüsse über den zukünftigen Bedarf geben. Dies trifft insbesondere auf die technische und benutzerfreundliche Feinabstimmung zu.

Innovative Bestandteile des Projekts

Eine Brennstoffzelle ist eine statische Vorrichtung zur Erzeugung elektrischer Energie. Sie konvertiert die chemische Energie des Brennstoffes oder Oxidants direkt in elektrische Energie. Wasserstoff als Brennstoff und Luft reagieren bei niedrigen Temperaturen (ca. 80°C) miteinander, wobei elektrische Energie und reines Wasser als Produkte entstehen. Der energetische Wirkungsgrad ist hoch, typische Werte liegen zwischen 50 und 60 Prozent für einen weiten Auslastungsbereich. Da die Brennstoffzelle keine beweglichen Teile enthält, reduzieren sich der Wartungsaufwand und die Ausfallzeiten des Fahrzeugs auf ein Minimum. Die niedrige Arbeitstemperatur erlaubt einen schnellen Start des Antriebs.

Die Brennstoffzelle hat überdies vielfältige Vorteile gegenüber den meisten fortschrittlichen Batterien, die zur Zeit auf dem Markt erhältlich sind. Die Brennstoffzelle stellt eine höhere Leistung bereit (z.B. von 250 W/kg oder 0.3 kW/l), die das Problem der Platz- und Gewichtsbeschränkung für den Gebrauch, insbesondere in Bussen des öffentlichen Nahverkehrs, löst. Die Brennstoffzelle muss nicht aufgeladen werden. Die Lebenszeit der Brennstoffzelle ist verglichen mit herkömmlichen Batterien deutlich höher. Sie verwendet keine korrosiven, flüssigen Elektrolyten und enthält keine beweglichen Teile. Daher können ihre Komponenten am Ende der Nutzungsdauer leicht recycelt werden und Probleme, die mit der Entsorgung von Batterien verbunden sind, werden vermieden.

Diese äußerst positiven Eigenschaften der Brennstoffzelle erlauben die Nutzung in Bereichen, in denen ein periodischer Betrieb verlangt wird und in denen hohe Anforderungen an Sicherheit und Zuverlässigkeit gestellt werden. Diese Faktoren machen Brennstoffzellen zu einer idealen Technologie für die Anwendung in allen Arten von Straßenverkehrsfahrzeugen, insbesondere Lastkraftwagen und Bussen. Voraussetzung bei diesen Fahrzeugen ist, dass ein Elektroantrieb vorhanden ist und entsprechende elektronische Komponenten zu erstellen sind, wie beispielsweise ein Kühlsystem für die Brennstoffzelle sowie entsprechende Leistungsumrichter.

Die im beschriebenen Projekt verwendete Brennstoffzelle wird von der italienischen Firma DE NORA bezogen. Die Systemintegration wird von der französischen Firma Air Liquide DTA durchgeführt.

Die Brennstoffzelle, bestehend aus drei Stacks je 40 kW, ist in ein Antriebsmodul mit einer Nettoleistung von 120 kW integriert. Nach der Fertigstellung wird dieses Antriebsmodul an MAN geliefert und im Bus installiert.

Das Antriebsmodul wird mit Wasserstoff gemäß geforderter Geschwindigkeit, Temperatur und Druck versorgt und liefert „nicht umgeformten“ Strom, dessen Spezifikation von der Konfiguration der Brennstoffzelle abhängt. Die Energie für den Kompressor und weitere Hilfsleistungen des Antriebsmoduls werden unter stabilen Bedingungen bereitgestellt, lokal kontrolliert und elektronisch gesteuert.

Für die Abdeckung der für den Bus erforderlichen Spitzenleistung ist der Einsatz von elektrischen Energiespeichern (Nickel-Metallhydrid-Batterie/Supercaps) geplant. Die Ladung der Batterie erfolgt während des Schubbetriebes sowie beim Bremsen durch Rückspeisung über die dann als Generator laufenden Antriebsmotoren.

Der Bus selbst ist ein MAN N L223 Niederflurbus, der durch das Brennstoffzellensystem an Stelle eines Dieselmotors angetrieben wird. Er verfügt auf einer Länge von 11,85 m, einer Breite von 2,5 m, über 90 Sitz- und Stehplätze. Das Wasserstofftanksystem besteht aus wärmeisolierten Flaschen mit einer Kapazität von 700 Litern LH_2. Der Wasserstoff wird bei einer Temperatur von -253°C gelagert. Der Tank, die Absperrung und die Sicherheitsausrüstung befinden sich auf dem Dach des Busses. Die Firma Messer Griesheim, ein Unterauftragnehmer der MAN, ist für die Installation des Wasserstoffbetankungssystem des Busses vom Einfüllstutzen bis zum Motor verantwortlich.

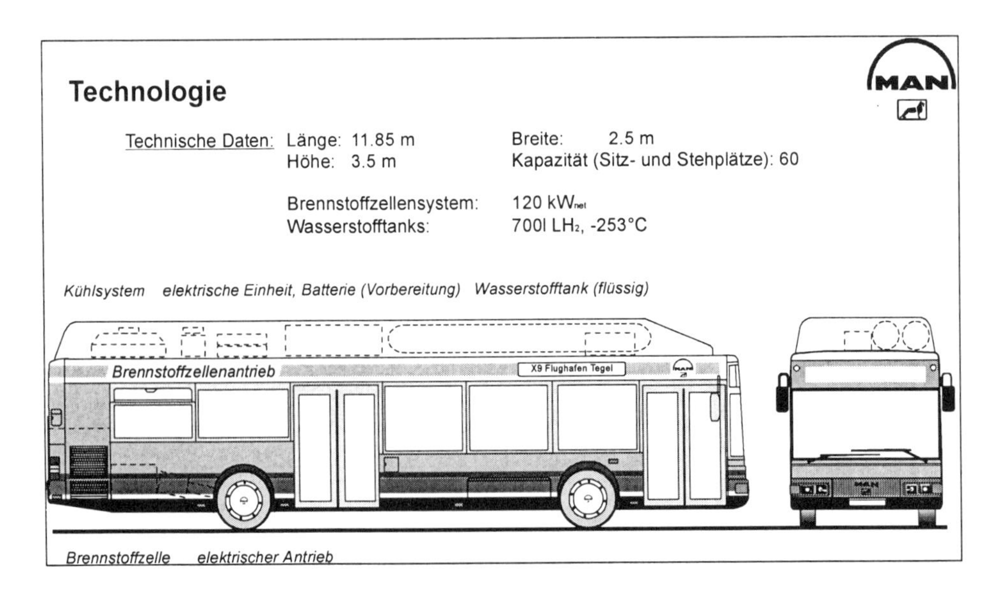

Abb. 1: MAN-Brennstoffzellenbus
(Quelle: MAN)

Flüssig-Wasserstoffspeicherung

Wenn es um höchste Speichereffizienz geht, ist beim Wasserstoff, wie bei allen Gasen, die Verflüssigung erforderlich. Im Systemvergleich haben Flüssigwasserstoff-Speichersysteme, sowohl auf das Volumen wie auf das Gewicht bezogen, den deutlich höchsten Wirkungsgrad.

Um gerade bei Flüssigwasserstoff-Fahrzeugtanks Speicherwirkungsgrade in der hier angegebenen Größenordnung zu erreichen, sind erhebliche Anstrengungen nötig; insbesondere, da sich die wesentlichen Anforderungen an derartige Tanks, und zwar eine optimale Raumausnutzung und ein minimales Gewicht bei gleichzeitig höchster Isolationsqualität, eigentlich prinzipiell widersprechen.

Am wirkungsvollsten werden die möglichen Wärmetransportmechanismen, Leitung, Konvektion und Strahlung in einem Kryotank durch die sogenannte Vakuum-Superisolation ausgeschaltet. Dabei ist der kalte Innenbehälter von einem Vakuummantel umgeben, in dem eine Vielzahl gegeneinander isolierter Strahlungsfolien untergebracht sind. Auf diese Weise konnte eine minimale Verdampfungsrate von ca. 4,0%/Tag erreicht werden.

Das Betanken des Busses mit Wasserstoff braucht im Vergleich zum Aufladen einer Batterie nur wenige Minuten. Weiterhin ist es erforderlich, dass der Brennstoffzellenbus unter innerstädtischen Bedingungen eine Tagesleistung von mindestens 400 km je Tankfüllung erreicht.

Um während des Zeitraumes der ersten Projektphase die Versorgung mit flüssigem Wasserstoff zu gewährleisten, ist der Einsatz einer mobilen Tankstelle vorgesehen. Hierbei ist der Tank sowie die Zapfeinrichtung auf einem Sattelauflieger montiert.

Mobile Flüssigwasserstoff Tankstelle

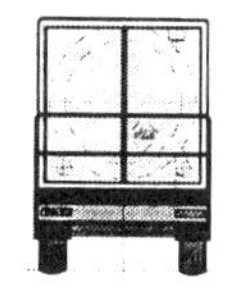

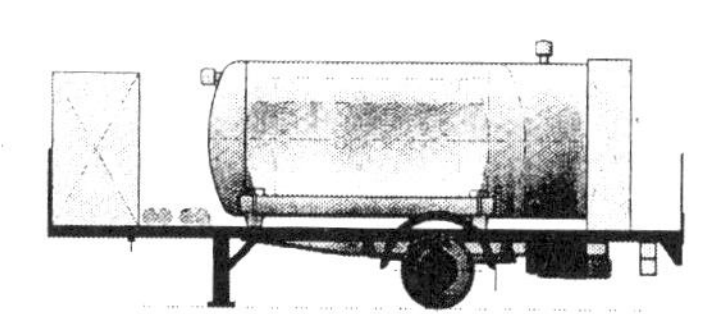

Transporttank	6.080 l
Ges. Gewicht	9.700 kg
Betriebsdruck	Stationär 10 bar Transport 2 bar
Abtanktechnik	Druckdifferenz
Verdampfungsrate	ca. 1 %
Zulassung	GGVS / ADR

Umfülleistung	bis 65 l/min (Überdruck bis 8 bar)
Umfüllverfahren	manuell oder automatisch (Microprozessorsteuerung)
Anschlüsse	Clean - Break - Kupplung für Reinheit und Geschwindigkeit

MG
MESSER GRIESHEIM

Abb. 2: Mobile Tankstelle
(Quelle: Messer Griesheim)

Modellcharakter des Projekts

Das Projekt wird die Vorzüge von Brennstoffzellenbussen im Vergleich zu konventionellen Dieselbussen demonstrieren. Bei der Anwendung von Brennstoffzellenbussen entstehen lokal keine Emissionen, insbesondere kein CO_2. Die Brennstoffzelle emittiert lediglich Wasserdampf.

Im ersten Schritt besteht das Projekt in der Demonstration des aufgebauten Brennstoffzellenbusses in drei innerstädtischen Bereichen von Berlin, Kopenhagen und Lissabon. Der Bus wird zunächst in Berlin auf der Strecke zwischen dem Flughafen Berlin Tegel und der U-, S-, und Fernbahnstation Berlin Zoologischer Garten (Linie 109) für neun Monate getestet.

Weitere Testläufe werden in Kopenhagen durch den Verkehrsbetrieb HT für die Dauer eines Monats und für die Dauer von zwei Monate in Lissabon durch den Verkehrsbetrieb CARRIS durchgeführt. Besonders klimatische und geografische Einflüsse (hügelig/flach) auf den Betrieb des Brennstoffzellenbusses werden hier von wesentlichem Interesse sein.

Zunächst wird ein Betriebsplan für die Integration des Busses in den regulären Flottenbetrieb aufgestellt und durchgeführt. Der Bus wird mit Aufzeichnungsgeräten ausgerüstet. Während der Demonstrationsphase ist das Fahrzeug in die Flotte des jeweiligen Verkehrsbetriebes voll integriert, um wirtschaftliche Daten unter alltäglichen Betriebsbedingungen zu sammeln. Diese Daten werden zur Entwicklung eines dynamischen Models des Busses und aller Untersysteme genutzt.

Die aufgezeichneten Daten sollen helfen, das Energiemanagement des neuen Busses für unterschiedliche Städte und Anwendungen weiter zu entwickeln. Zum Beispiel wird die Simulation voraussagen können, ob die Rückgewinnung der Bremsenergie in Abhängigkeit von den topographischen Bedingungen sinnvoll ist.

Die Ergebnisse der Testläufe werden in enger Beziehung zu den innerstädtischen Gegebenheiten ausgewertet. Ökonomische Daten wie Verlässlichkeit des Fahrzeugs und der Technologie, Betriebsdaten und Tankdaten werden während der Demonstrationsphasen gesammelt, um die Marktfähigkeit der Brennstoffzellentechnologie nachzuweisen.

Das Projekt wird von einem Messprogramm begleitet, welches die Umweltvorteile aus der Einführung der Brennstoffzellentechnologie, insbesondere 100%ige Reduktion lokaler Emissionen, aufzeichnet. Diese Ergebnisse werden helfen, potentielle Nutzer für die Brennstoffzellentechnologie, insbesondere für die Anwendung im innerstädtischen Verkehr, zu gewinnen.

Die Arbeit am „Brennstoffzellenbusprojekt Berlin, Kopenhagen, Lissabon“ begann am 01.10.1998. Ab Sommer 2000 wird der Brennstoffzellenbus in Berlin im regulären Flottenbetrieb eingesetzt werden.

Nutzung über das Jahr 2000 hinaus

Wie bereits erwähnt, wird der Bus zunächst neun Monate in Berlin, dann einen Monat in Kopenhagen und anschließend zwei Monate in Lissabon im täglichen Betrieb der kooperierenden Verkehrsbetriebe mitlaufen. Im Anschluss an diese erste Testphase ist eine zweite Phase geplant, während derer aufgrund der Erfahrungen aus der ersten Phase technische Verbesserungen am Bus durchgeführt werden sollen. Die Nutzung des gekühlten Wasserstoffs für Supraleitungsmechanismen ist vorgesehen.

Auch die Installation einer stationären Tankstelle mit einem 12000 l Kryobehälter und der zugehörigen Sicherheits- und Betankungstechnik ist in Planung.

Sollte dieses Demonstrationsprojekt die technische und wirtschaftliche Machbarkeit des Einsatzes von Brennstoffzellenbussen im innerstädtischen Nahverkehr belegen, ist mittel- und langfristig eine Umstellung größerer Anteile der beteiligten Busflotten geplant.

Finanzierung des Projekts

Das Projekt wird aus Eigenmittel der an der Trägerschaft des Projekts beteiligten Organisationen und Betriebe sowie aus Fördermitteln des THERMIE-Programmes der Europäischen Kommission, Generaldirektion XVII, finanziert. Die Zusatzkosten, die durch den Einsatz der Brennstoffzellentechnologie entstehen, betragen 11 Millionen DM. Die Europäische Kommission kofinanziert das Projekt zu 40% aus den Mitteln des THERMIE-Programmes.

Trägerschaft des Projekts

Der Koordinator dieses europäischen Gemeinschaftsprojektes ist die Berliner Senatsverwaltung für Wirtschaft und Betriebe.

Weitere Partner des Projektes sind:

- Berliner Verkehrsbetriebe, BVG, Berlin, Deutschland
- MAN Nutzfahrzeuge Aktiengesellschaft, München, Deutschland
- Air Liquide Division des Techniques Avancées, Sassenage, Frankreich
- Copenhagen Transport, Kopenhagen, Dänemark
- Instituto Superior Técnico, Lissabon, Portugal
- Companhia de Carris de Ferro de Lisboa, S.A., Lissabon, Portugal
- Sociedade Portuguesa do Ar Liquido, „Arliquido" Lda., Lissabon, Portugal

Resümee

Paschen von Flotow
Institut für Ökologie und Unternehmensführung

Die Brennstoffzelle – Stand und Perspektiven der Debatte

Facetten einer Diskussion

Welche Rolle kann und soll die Brennstoffzelle als alternativer Antrieb bei der Weiterentwicklung des Automobils spielen? Auf diese Grundfrage lässt sich die Diskussion um die „Zukunft des Verbrennungsmotors – Brennstoffzelle als Alternative?" bringen. Hinter dieser allgemeinen Grundfrage stehen verschiedene Aspekte der Diskussion, die im folgenden zusammenfassend dargestellt werden sollen. Es ist jedoch – und das haben bereits auch die unterschiedlichen Einschätzungen gezeigt, die in den Beiträgen deutlich geworden sind – zur Zeit noch nicht möglich, eine abschließende Bewertung vorzulegen. Lediglich die Spannweite der Debatte kann aufgezeigt werden; damit lässt sich auch deutlicher abschätzen, in welcher Hinsicht noch Diskussions- und Forschungsbedarf besteht.

Die größte Einigkeit besteht in technischer Hinsicht – wenigstens insofern, als der Realisierung von Fahrzeugen mit Brennstoffzellenantrieb keine prinzipiellen technischen Hindernisse mehr entgegenstehen. Damit ist aber über die konkreten Marktchancen eines Brennstoffzellenfahrzeuges und über den Zeithorizont, vor dem die Einführung der Brennstoffzelle zu sehen ist, noch nicht viel ausgesagt. Fraglich ist ebenso, ob auch aus umweltpolitischer Sicht die Brennstoffzelle die in sie gesetzten Erwartungen tatsächlich erfüllen kann und die erhofften Umweltentlastungen bringt.

Aus diesen Überlegungen ergeben sich die wichtigsten Facetten der Diskussion um die Brennstoffzelle, die in den folgenden Abschnitten dargestellt werden:

- die unterschiedlichen Strategien der Automobilkonzerne bezüglich der Brennstoffzelle: ihre Forschungs- und Entwicklungspolitik wird für die Einführung und Verbreitung dieser Technologie eine zentrale Rolle spielen; damit verbunden ist die Frage nach den Einsatzmöglichkeiten und der allgemeinen Akzeptanz von Brennstoffzellenautos auf dem Markt;
- die ökologischen Vor- und Nachteile von Brennstoffzellenfahrzeugen, sowohl was ihre Emissionen im laufenden Betrieb angeht als auch hinsichtlich der Ressourcen, die für den Betrieb in Anspruch genommen werden müssen;

- schließlich die Frage nach der Rolle der Politik: soll sie bei der Entwicklung und Verbreitung der Brennstoffzellentechnologie eine aktive Rolle spielen, und wenn ja, wie soll diese Rolle aussehen?

Die Strategien der Automobilhersteller

Zentral für die Zukunft des Brennstoffzellenantriebs sind selbstverständlich die Strategien der Automobilkonzerne, insbesondere hinsichtlich der Frage, auf welche Technologien und Projekte sie ihre Forschungs- und Entwicklungsanstrengungen konzentrieren. Denn die Brennstoffzelle ist ja nur eine Möglichkeit, die ökologischen Wirkungen des Automobilverkehrs zu reduzieren. Von großer Bedeutung sind nach wie vor die Weiterentwicklung des Diesel- und Ottomotors in Richtung geringeren Verbrauchs und niedrigerer Abgaswerte. Darüber hinaus wird weiterhin an verschiedenen alternativen Antrieben gearbeitet. Seit den achtziger Jahren waren es insbesondere die Elektrofahrzeuge, an die sich besondere Hoffnungen knüpften, darüber hinaus die Nutzung nachwachsender Rohstoffe sowie von Erdgas. Die Nutzung von Wasserstoff wurde erst in weiter Ferne als relevant erachtet. Neben den Anstrengungen, die sich auf den Antrieb konzentrieren, bleiben selbstverständlich die Forschungs- und Entwicklungsanstrengungen in Richtung auf eine nachhaltige Gewichtsreduktion von Fahrzeugen von großer Bedeutung für die Absenkung des Energie- bzw. Kraftstoffverbrauchs, ganz unabhängig von der Wahl des Energieträgers und der eingesetzten Technologie.

Will man die Automobilindustrie knapp charakterisieren, so handelt es sich um eine sehr stark globalisierte Branche mit oligopolistischer Struktur: sie wird dominiert von einer relativ kleinen Anzahl bedeutender Konzerne. Dabei verfolgen praktisch alle Hersteller die Strategie, in der Triade (USA/Nordamerika, Europa und Japan) sowie in den großen Wachstumsmärkten in Südamerika und Asien ihre Positionen auszubauen. Parallel zu den Differenzierungsbemühungen über unterschiedliche Markenstrategien bzw. Mehrmarkenstrategien der großen Konzerne nähert sich die Produktpalette immer mehr aneinander an. Jeder Hersteller versucht, in allen Klassen und Nischen attraktive Angebote zu schaffen. Um in diesem Wettbewerb bestehen zu können, ist es für alle Beteiligten erforderlich, die angebotenen Produkte zu einem wettbewerbsfähigen Preis-Leistungsverhältnis anzubieten und mit dem größtmöglichen Kundennutzen auszustatten, die gesamte Wertschöpfungskette zu optimieren und sich ständig um technologische Verbesserungen zu bemühen.

Die Umweltperformance der Produkte spielt dabei für die Kaufentscheidung und damit für den Wettbewerb gegenüber Produkteigenschaften wie Qualität, Komfort und Sicherheit zwar eine etwas untergeordnete Rolle: Insgesamt ist davon auszugehen, dass es nur eine sehr kleine Gruppe von Kunden gibt, die zugunsten von Umweltverträglichkeit Qualitäts- und Komforteinbußen hinnehmen. Andererseits ist aber langfristig – und darüber gibt es bei den Automobilherstellern keine prinzipiellen Meinungsverschiedenheiten – die ökologische Effizienz ihrer Produkte und der automobilen Wertschöpfungskette ein durchaus entscheidendes Feld des Technologiewettbewerbs. Wesentliche Umwelteigenschaften von Automobilen sind der Energie- bzw. Kraftstoffverbrauch, die Schadstoff- und Lärmemissionen, die Recyclierbarkeit, die Materialeigenschaften sowie die Umweltfreundlichkeit im Service.

Bezüglich des Energieverbrauchs als entscheidendem Umweltaspekt eines Automobils zeigen Analysen, dass je nach Fahrzeug und Systemgrenzen zwischen 70% und 90% des Energieverbrauchs während der Nutzungsphase anfallen. Der Rest entfällt auf Kraftstoffherstellung, Fertigung und Entsorgung. Alle Hersteller haben daher die Fähigkeit zur Verbrauchsreduktion als langfristig entscheidende Kernkompetenz erkannt. Dabei spielen sowohl fahrzeugseitige als auch antriebsseitige Verbesserungen eine wichtige Rolle. Angesprochen sind in diesem Zusammenhang einmal die weitere Optimierung der konventionellen Antriebsarten (Diesel und Benziner), zum zweiten die Verbesserung der Aerodynamik und zum dritten die Gewichtsreduktion der Fahrzeuge, u.a. durch Verwendung anderer Materialien sowie die Verringerung des Rollwiderstandes. In der Diskussion wird darauf aufmerksam gemacht, dass bei entsprechender Gewichtsreduktion eines Fahrzeuges durchaus auch ein 1- oder 1,5-Liter-Verbrauch mit konventionellem Antrieb denkbar wäre.

Daneben ist aber auch die Entwicklung von alternativen Antriebsarten, die teils eine Substitution des Erdöls, teils eine Reduktion der Emissionen bis auf Null erlauben, für alle Hersteller eine wichtige Säule ihrer Forschungstätigkeit. Die Entscheidungen der Automobilhersteller sind dabei ganz wesentlich abhängig von den Erwartungen bezüglich der Zahlungsbereitschaft der Kunden, der Entwicklungs- und Betriebskosten sowie der benötigten Ressourcen. Vom Kunden jedenfalls ist nicht zu erwarten – dies zeigen Erfahrungen mit anderen alternativen Antrieben –, dass er für einen neuen Antrieb eine höhere Zahlungsbereitschaft als für einen konventionellen Antrieb hat; es sei denn, er hat ein sehr spezifisches Interesse, sein Umweltbewusstsein dadurch zu dokumentieren. Bisher ist keinem dieser Antriebe der Durchbruch gelungen, da sie hinsichtlich Kosten, Komfort, Sicherheit und/oder Verfügbarkeit des Kraftstoffes erhebliche Nachteile gegenüber konventionellen Antrieben aufweisen.

Bis Mitte der neunziger Jahre hatten sich zwar alle großen Automobilkonzerne auch mit der Option Brennstoffzelle befasst. Eine realistische Chance wurde diesem Antrieb allerdings nicht eingeräumt. Dies änderte sich mit den Prototypen von Ballard Power System, die von allen Herstellern erprobt wurden, schlagartig. Die Automobilhersteller sind jedoch offenbar trotz ihrer annähernd gleichen marktstrategischen Ausrichtung zu unterschiedlichen Schlussfolgerungen gekommen, wie stark sie auf die Technologie der Brennstoffzelle setzen wollen. Nur zum Teil lässt sich diese Unterschiedlichkeit in der öffentlichen Darstellung der Technologiestrategie auf unterschiedliche Kommunkationspolitik zurückführen.

Auf der einen Seite des Spektrums stehen Unternehmen wie DaimlerChrysler, Ford und General Motors bzw. Opel. Diese Unternehmen haben die Einführung eines marktreifen Serienfahrzeuges mit Brennstoffzellenantrieb (bis) zum Jahr 2004 zugesagt. Sie investieren dementsprechend massiv in die Entwicklung dieser Antriebstechnologie. Auf der anderen Seite des Spektrums scheinen Volkswagen und Toyota zu stehen. Volkswagen investiert zwar ebenfalls in die Entwicklung der Brennstoffzelle, allerdings offensichtlich in einem sehr viel geringeren Umfang als DaimlerChrysler, Ford und GM/Opel. Zumindest wird kein Zeitpunkt angegeben für die Markteinführung eines Fahrzeugs. Der Schwerpunkt liegt bei Volkswagen offenbar mehr auf der weiteren Verbrauchsreduktion bei den koventionellen Antrieben sowie der Verbrauchsreduktion durch konstruktive und werkstoffliche Maßnahmen. Toyota testet zur Zeit ein wasserstoffgetriebenes Brennstoffzellenauto und hat ein methanolgetriebenes Brennstoffzellenfahrzeug (als Prototyp) angekündigt. BMW scheint eine mittlere Position einzunehmen und eine eigenständige Strategie gefunden zu haben. Zwar hat BMW ebenfalls vor, ein Fahrzeug mit Brennstoffzelle auf den Markt zu bringen, aber die Brennstoffzelle dient hier zunächst nicht als Antriebsaggregat, sondern als Stromlieferant. BMW hält die Stromproduktion durch eine Brennstoffzelle aufgrund des höheren Wirkungsgrades für vielversprechender als die Verwendung für den Motorantrieb.

Diese unterschiedlichen Strategien bezüglich der Allokation von Forschungs- und Entwicklungsinvestitionen sind wohl die Konsequenz unterschiedlicher Erwartungen und Einschätzungen entscheidender Randbedingungen und Trends.

Dazu gehören im wesentlichen folgende Aspekte:

Zum einen Einschätzungen bezüglich der der *Wirtschaftlichkeit*: Die Wirtschaftlichkeit dieser neuen Technologie hängt entscheidend von den relativen Kosten anderer technologischer Optionen – wie die weiteren Verbesserungen am konventionellen Antrieb sowie anderer alternativer Antriebe – ab; darüber hinaus von der Höhe der Stückzahlen und damit den *economies of scale*, die für einen wettbewerbsfähigen Preis erforderlich sind. Weiterhin hängt die Wirtschaftlichkeit entscheidend von der Entwicklung der relevanten politischen Rahmenbedingungen ab (s.u.).

Andererseits hängt der Markterfolg des Brennstoffzellenautos auch davon ab, dass die entsprechende *Infrastruktur* zur Verfügung steht, um es ohne allzu großen Aufwand betanken zu können – eine Infrastruktur, die für die konventionellen Antriebe bzw. Kraftstoffe vorhanden ist. Die Probleme der Betankung sind es letztlich auch, die die meisten Automobilproduzenten nicht den direkten Weg gehen lassen: dieser bestünde darin, direkt den erforderlichen Wasserstoff für das Auto zu tanken. Das würde jedoch einen erheblichen Infrastrukturaufwand bedeuten, der auf absehbare Zeit nicht geleistet werden kann. Statt dessen werden die Brennstoffzellenautos vorwiegend Methanol tanken, der dann während der Fahrt in den erforderlichen Wasserstoff umgewandelt wird. Dazu können die bestehenden Tankstellen genutzt werden, wenngleich nach wie vor ein gewisser Umrüstungsaufwand erforderlich ist.

Aus diesem Grund scheint eine der wesentlichen Einsatzmöglichkeiten der Brennstoffzelle im öffentlichen Nahverkehr zu liegen, da für diese Fahrzeuge nur jeweils einige wenige zentrale Betankungsanlagen erforderlich sind. Verschiedene Verkehrsbetriebe setzen deshalb auch im Versuchsbetrieb Brennstoffzellenfahrzeuge ein bzw. planen, dies zu tuen. Auch unter Lärmgesichtspunkten haben Brennstoffzellenfahrzeuge Vorteile gegenüber anderen Antriebsarten.

Eine wichtige Rolle dürfte sicherlich auch die unterschiedliche Gesetzgebung bezüglich der *Luftreinhaltung* in den USA und Europa spielen. Die Forderung der kalifornischen Gesetze, innert bestimmter Frist eine gewisse Anzahl von Fahrzeugen mit Nullemissionen in Verkehr zu bringen, spielt insbesondere für die amerikanischen Konzerne eine wichtige Rolle und veranlasst sie, verstärkt über die Methoden zu forschen, mit denen eine Nullemission verwirklicht werden kann. Offenbar wird die Brennstoffzelle als interessante Alternative gegenüber anderen Antrieben angesehen, die eine Nullemission erlauben.

Ein weiterer Grund sind sicherlich unterschiedliche Einschätzungen über die Verfügbarkeit und vor allem die Preisentwicklung von *fossilen Brennstoffen*, insbesondere Erdöl (s. u.).

Darüber hinaus sehen manche Konzerne eine weitere Einsatzmöglichkeit der Brennstoffzelle beim *Marktaufbau in Entwicklungsländern*. Brennstoffzellenautos können hier auf die besonderen nationalen Bedingungen und Anforderungen bezüglich der Verfügbarkeit von Energieträgern sowie den Emissionsanforderungen Rücksicht nehmen. Sie sind vielstoffähig und sind in dieser Vielstofffähigkeit die besseren Brennstoffverwerter.

Schließlich ist die *Sicherung des technischen Wissens* zu nennen. Entwicklungskompetenz im Antriebsbereich zählt nach wie vor zu den entscheidenden Kernkompetenzen eines Automobilunternehmens. Zwar können heute die Zulieferunternehmen insbesondere aufgrund des steigenden Anteils der Elektronik auch beim Antrieb einen steigenden Entwicklungs- und Wertschöpfungsanteil für sich verbuchen. Dennoch konnten die Automobilhersteller meist die entscheidende Fähigkeit zur Systemführerschaft im Antriebsbereich sichern. Von dieser Kompetenz hängen die Möglichkeiten, sich die künftigen Wertschöpfungspotentiale in dieses Bereich zu sichern, entscheidend ab. Zwar ist offen, ob und inwieweit das auch bei der Brennstoffzelle gelingt, sicher ist jedoch, dass der neue Antrieb ein noch größeres Maß an Kooperation mit Lieferanten bereits in der Konzeptphase erfordert. Soweit die Unternehmen überhaupt ein nennenswertes Potential in dieser Technologie sehen, scheint jetzt – schneller als erwartet – die vielleicht entscheidende Phase der Eroberung des Wissensvorsprungs für die industrielle Anwendung dieser Technologie gekommen und zwar auch unabhängig von den Unsicherheiten bezüglich der äußeren Rahmenbedingungen und des Zeithorizontes der Vermarktung. Technikgenese und Innovationsprozesse haben eben immer auch ihre eigene Dynamik und ihre eigene Zeit und sind nicht rein marktinduziert. In diesem Spannungsfeld bewegt sich industrielle Forschung.

Vor diesem Hintergrund ist die Akquisition von Anteilen an dem Systementwickler Ballard Power Systems durch DaimlerChrysler (1997) und Ford (1998) zu sehen: vertikale Integration ist ein Mittel, um zum einen verbesserte Kooperation zwischen Zulieferer und dem Automobilkonzern zu schaffen, zum anderen, um technisches Wissen vor Wettbewerbern zu schützen.

Mit dem Erlangen der Systemführerschaft könnte allerdings relativ schnell auch das Interesse an Anwendung und Vermarktung sowie Herbeiführung entsprechender Rahmenbedingungen von den Unternehmen formuliert werden, die in einer schnellen Realisierung eine Möglichkeit zur dauerhaften Absicherung ihres Vorsprungs sehen. Diejenigen Regierungen, die sich diesen Unternehmen in besonderer Weise verpflichtet fühlen, werden dann in der Folge auch die entsprechenden Rahmenbedingungen dafür schaffen.

Zur Einschätzung der Situation aus Sicht der Automobilhersteller hilft es, sich neben der Unterschiedlichkeit der Strategien auch ein prinzipielles Dilemma der Branche angesichts der neuen Option „Brennstoffzelle“ vor Augen zu führen: Auf der einen Seite sind die Unternehmen wegen des Wettbewerbs und auch wegen des öffentlichen und politischen Drucks gezwungen, Innovationen in Richtung einer größeren ökologischen Effizienz ihrer Produkte durchzuführen. Hier kann die Brennstoffzelle langfristig einen bedeutenden Schritt darstellen. Auf der anderen Seite ist bei einer derart grundlegenden Innovation, wie es die Brennstoffzelle darstellt, die Gefahr einer Fehlinvestition und einer „Kapitalvernichtung“ ziemlich groß. Es darf nicht vergessen werden, dass die Brennstoffzelle – sollte sie zum Standardantrieb der Zukunft werden – eine Systemänderung im Automobilbau und nicht nur eine Modifikation der bisherigen Technik darstellt: Verbrennungsmotor, Getriebe und weitere Komponenten wären völlig neu zu gestalten; ca. 20 % der Wertschöpfung eines Automobils wären davon betroffen. Damit geht es bei der Technologieentscheidung also auch um den möglichen Verlust von Amortisationsmöglichkeiten vorhandener Kompetenzen und bestehender Anlagen. Eine solche Situation lässt sich am besten verstehen, wenn man sich an die Metapher erinnert, mit der der berühmte Nationalökonom Josef Schumpeter die Marktwirtschaft und die Rolle des Unternehmers charakterisiert hat: Es geht im Prozess der Marktwirtschaft um „schöpferische Zerstörung“.

Betrachtet man die angeführten Gründe und Motive insgesamt, so lassen sich zwei Faktoren erkennen, die für das Engagement der einzelnen Firmen in der Brennstoffzellenentwicklung entscheidend sind: zum einen der Zeithorizont, den die einzelnen Firmen bei ihren Entscheidungen über Forschung und Entwicklung zugrunde legen, zum anderen die Tatsache, dass der Markterfolg der Brennstoffzelle für die Automobilkonzerne ganz wesentlich von den Entscheidungen und Maßnahmen der anderen „Mitspieler“ abhängt.

Zur Rolle des zugrundegelegten Zeithorizonts: Allen Beteiligten ist klar, dass die Brennstoffzelle nicht der Massenantrieb der nächsten 5-10 Jahre ist – auch wenn die Prototypen und ersten Serienfahrzeuge bereits in dieser Zeit herauskommen sollen –, sondern eine erheblich längere Perspektive erfordert. Da aber angesichts einer solch langfristigen Perspektive die Unsicherheiten relativ groß sind, ist wahrscheinlich verständlich, dass die Unternehmen darauf verschieden reagieren. Dabei lässt sich nicht ohne weiteres entscheiden, ob tatsächlich diejenigen (Pionier-)Unternehmen am Ende auch die entsprechenden Gewinne verzeichnen können, die heute verstärkt auf die Brennstoffzelle setzen, oder ob Unternehmen, die sich zunächst abwartend verhalten haben, im zweiten Schritt durch Sekundärinnovationen die entscheidenden Verbesserungen realisieren können, die ihnen zu einem Markterfolg und zur Systemführerschaft verhelfen. Hinzu kommt, dass, z.B. gegenüber der Frage nach der langfristigen Ressourcenverfügbarkeit, kurz- und mittelfristig andere Probleme in den Vordergrund treten können, die die langdauernde Entwicklung einer funktionsfähigen Brennstoffzellenlösung nicht vertretbar erscheinen lassen. Darauf wird bei der Diskussion von Umweltproblemen noch zurückzukommen sein.

Zur Bedeutung anderer „Mitspieler": Die Automobilfirmen müssen bei ihrer Entscheidung über die neue Antriebsart die Aktionen einer Vielzahl von „Mitspielern" berücksichtigen, die mit darüber entscheiden, ob die neue Antriebsart „Brennstoffzelle" zu einem Erfolg wird. Dazu gehören:

- die Politik: Sie bestimmt insbesondere aufgrund ihrer Entscheidungen über die erforderliche Infrastruktur die Marktchancen einer neuen Antriebstechnik mit. Aber auch umweltpolitische und sonstige Regulierungen spielen eine wichtige Rolle;

- die Zulieferer: Die Bedeutung einer verstärkten Zusammenarbeit mit Zulieferern wurde bereits erwähnt. Die Situation der Zulieferer ist insofern von besonderem Interesse, als sie zwar für die mobile Anwendung der Brennstoffzelle auf eine entsprechende Nachfrage von seiten der Automobilkonzerne angewiesen sind, andererseits aber die Brennstoffzelle selbst in vielen anderen Bereichen Anwendungsmöglichkeiten bietet: als Stromquelle für tragbare Geräte, als Stromerzeuger z. B. für Montageteams, für Wohnwägen oder für Berghütten, für den Einsatz in Blockheizkraftwerken etc. Diese über das Auto hinausgehenden Einsatzmöglichkeiten könnten für Zulieferer ein Anreiz sein, sich verstärkt mit der Entwicklung der Brennstoffzelle zu beschäftigen. Zugleich bietet die Vielfalt der Anwendungen eine Möglichkeit für die (schnellere) Amortisation der Entwicklungskosten von Brennstoffzellen.

- die Energieunternehmen und ihre Investitionsentscheidungen: der Betrieb der Brennstoffzelle erfordert die Bereitstellung der entsprechenden Treibstoffe, sei es nun Wasserstoff oder Methanol. Ob die Energieunternehmen diese Treibstoffe überhaupt stärker forcieren wollen, und wenn ja, in welchem Umfang, ist sicher nicht allein von der Entwicklung auf dem Automobilmarkt abhängig, sondern wird auch von den Einsatzmöglichkeiten in anderen Sektoren bestimmt. Dabei spielen auch die Weichenstellungen der Politik eine Rolle; insbesondere wird sich zeigen müssen, welche Marktchancen für regenerative Energieträger in einem liberalisierten Energiemarkt bestehen bzw. welche (umweltpolitischen) Entscheidungen erforderlich sind, um solche Marktchancen entstehen zu lassen.

Ökologische Aspekte und ökonomische Konsequenzen

Das allgemeine und weiter steigende Interesse an der Brennstoffzelle als möglicher Antriebsart von Automobilen wird entscheidend von der weiteren Entwicklung der Ressourcen- und Umweltdiskussion in den verschiedenen Regionen bzw. Märkten abhängen. Vom Verlauf dieser Diskussionen werden Politik und unternehmerisches Verhalten wesentlich bestimmt sein.

Von der Ressourcenseite her stellt sich das Problem der Verfügbarkeit fossiler Brennstoffe. Als nicht erneuerbare Ressourcen stehen sie nur über einen endlichen Zeitraum hinweg zur Verfügung, strittig ist allerdings, wie groß dieser Zeitraum tatsächlich ist. Hinzu kommt, dass immer neue Vorräte entdeckt und neue Extraktionsmethoden entwickelt werden, wenn diese auch in der Regel mit höheren Kosten und relativ höherem Energieeinsatz zur Gewinnung verbunden sein mögen. Innerhalb der Verkehr- und Umweltdebatte hat sich das Argument der Verfügbarkeit des Mineralöls in den letzten 30 Jahren daher etwas abgenutzt und reicht allein zur Begründung eines Technologiewechsels weg vom konventionellen Antrieb auf absehbare Zeit nicht aus. Diese Einschätzung dürfte wahrscheinlich sowohl für die Industrie als auch für Politik und Gesellschaft zutreffen. Auch unter Kostengesichtspunkten gehen von der Ressourcenseite keine eindeutigen Trends aus. Während in vielen Studien und Prognosen ein Preis von ca. $30 pro Barrel Öl als voraussichtliche Obergrenze angesehen wird (und damit die wirtschaftlichen Aussichten der Brennstoffzelle als Zukunftsantrieb weniger rosig erscheinen lässt), wird von seiten der Firmen, die die Brennstoffzelle energischer vorantreiben, ein sehr viel größerer Anstieg des Ölpreises für möglich oder gar wahrscheinlich gehalten. Ursachen dafür können nicht nur ein Anstieg der Extraktionskosten aufgrund immer unzugänglicherer Vorkommen sein, sondern auch neue Versuche der Kartellbildung oder auch eine stärkere Besteuerung des Ressourcenverbrauchs durch die Politik.

Von der Umweltseite her hat vor allem in Europa die Emission von Treibhausgasen die Diskussion um alternative Antriebsarten von Fahrzeugen neu belebt, während es in den USA eher um die lokal und gesundheitlich relevanten Emissionen geht. Um eine Erhöhung der Durchschnittstemperatur auf der Erde zu verhindern, ist es erforderlich, die Emission von CO_2 und anderen klimarelevanten Gasen einzuschränken.

Generell ist in der Auseinandersetzung zum Thema „Verkehr und Umwelt" festzustellen, dass sich der Charakter der Debatte in den letzten Jahren zunehmend gewandelt hat. Es gibt nur noch wenige Diskussionen darüber, ob das Auto als solches unter ökologischen Gesichtspunkten zu verurteilen ist und daher eine Politik gegen das Auto schlechthin gemacht werden soll. Statt dessen wird das Auto bzw. der Individualverkehr als wohl dauerhafter Bestandteil des

Gesamtverkehrs betrachtet; in der Diskussion geht es inzwischen weitgehend um die Frage, wie die „Umweltleistung“ des Autos verbessert werden kann. In diesem Zusammenhang werden brennstoffzellenbetriebene Fahrzeuge besonders interessant: sie haben als einziges „Abfallprodukt“ Wasser, jedenfalls solange lediglich das Fahrzeug im Betrieb betrachtet wird. Darüber hinaus besitzt das Brennstoffzellenfahrzeug einen höheren Wirkungsgrad (vom Brennstoff zum Antrieb des Autos – „fuel to wheel“ – betrachtet) als der konventionelle Antrieb. Dies macht das Brennstoffzellenfahrzeug zumindest auf den ersten Blick auch unter ökologischen Gesichtspunkten äußerst attraktiv.

Allerdings gehen hier die Meinungen sehr stark auseinander. Die Unternehmen favorisieren auch und gerade unter Umweltgesichtspunkten sehr stark die Brennstoffzelle als zukunftsweisenden Antrieb; dabei wird zum einen auf die Emissionsfreiheit des Fahrzeuges verwiesen, zum anderen darauf, dass es nicht auf nicht-erneuerbare Ressourcen angewiesen sei und daher einen Beitrag zur nachhaltigen Entwicklung leisten könne, zum dritten wird der schon erwähnte höhere Wirkungsgrad gegenüber den konventionellen Antriebsarten genannt.

Auf der anderen Seite sind Umweltbehörden und Umweltverbände der Brennstoffzelle gegenüber eher skeptisch. Dabei wird nicht nur der Wirkungsgrad der Brennstoffzelle selbst beim Antrieb des Autos in Betracht gezogen, sondern es wird in einer Ökobilanz die gesamte Kette der Energieerzeugung von der Herstellung des Methanols bis zum Betrieb des Wagens analysiert. Dabei kommen Umweltbehörden zu dem Schluss, dass die Kosten-Nutzen-Analyse eines Brennstoffzellenfahrzeuges gegenüber den Reduktionspotentialen bei konventionellen Motoren negativ ausfalle. Anders ausgedrückt: mit den gleichen Mitteln ließen sich über Verbrauchsreduktionen bei konventionellen Motoren größere Umweltentlastungseffekte erreichen als mit der Entwicklung und Einführung des Brennstoffzellenmotors.

Die Umweltverbände argumentieren ähnlich und betonen die Bedeutung von Verbrauchsreduktionen beim konventionellen Fahrzeug; demgegenüber solle das Brennstoffzellenauto nicht im Vordergrund stehen. Ein zentrales Argument zeigt dabei wiederum die unterschiedlichen Zeithorizonte, vor denen Befürworter und Gegner der Brennstoffzelle argumentieren: Zwar gestehen auch die Umweltverbände die längerfristige Begrenztheit der fossilen Brennstoffe zu, die es notwendig mache, auf andere Antriebsformen umzusteigen, sie sehen jedoch den limitierenden Faktor auf der Emissionsebene. Der Zugriff auf fossile Brennstoffe müsse vor allem deshalb stark vermindert werden, um den Treibhauseffekt durch die Emission von CO_2 zu verhindern bzw. wenigstens abzumildern. Die Restriktionen, die sich daraus für den Verbrauch fossiler Brennstoffe ergeben, griffen sehr viel früher als es aufgrund der reinen Verfügbarkeit der Fall sein würde und könnten nicht in erster Linie mit der Entwicklung des Brennstoffzellenfahrzeuges aufgefangen werden. Die in der Forschung engagierten Unternehmen antworten auf dieses Argument, dass sie keineswegs allein auf die Brennstoffzelle setzten, sondern die Verbrauchsreduktion ein mindestens ebenso wichtiges Forschungsfeld sei; daneben aber müsse die Brennstoffzelle als wichtige Zukunftsoption offen gehalten werden.

Die Umweltverbände stecken hier in einem gewissen Dilemma: einerseits befürworten sie Maßnahmen, die die Nutzung fossiler Brennstoffe vermindern, andererseits lehnen sie – aus durchaus bedenkenswerten Gründen – die Nutzung der Brennstoffzelle zumindest Automobil kurz- und mittelfristig ab und stehen auch der Idee des Umstiegs auf eine „Wasserstoffwirtschaft“ abwartend gegenüber. Auf die Frage, wie auf längere Sicht, d. h. angesichts der Endlichkeit der fossilen Brennstoffe, Automobile angetrieben werden sollen, können sie nur sagen, dass auf eine solche Frage weder sie noch andere Akteure eine sinnvolle Antwort geben könnten; die allgemeine Unwissenheit und Unsicherheit sei diesbezüglich noch zu groß. Insbesondere ergebe sich aus dieser Unsicherheit nicht die Brennstoffzelle als vordringliche Option, sondern die Ausnutzung heute verfügbarer Potentiale der Verbrauchsreduktion.

Die Rolle der Politik

Die Politik steht vor dem Problem, ob und in welcher Form sie sich in die Entwicklung und Verbreitung des Brennstoffzellenantriebs einschalten soll. Zwischen den verschiedenen politischen Institutionen und Behörden herrscht zum jetzigen Zeitpunkt weder in Deutschland noch anderswo Einigkeit über Umfang und Art einer etwaigen Förderung dieser Technologie. Diskutiert wird daher der potentielle Beitrag der Brennstoffzellentechnologie für das Erreichen umweltpolitischer Ziele wie Ressourcenschonung, Klimaschutz und Luftreinhaltung.

Dabei muss im Auge behalten werden, dass die Politik gar nicht umhin kommt, Einfluss auf die technische Entwicklung im Individualverkehr zu nehmen, auch wenn sie keine Förderung einer bestimmten Technologie anstrebt. Denn eine solche Beeinflussung geschieht auch indirekt: über umweltpolitische Maßnahmen, die den Individualverkehr im Blick haben, über Infrastrukturentscheidungen, über steuerliche Anreize etc.

In der Frühphase einer Technologieentwicklung kann der Staat über die Forschungsförderung einen wesentlichen Einfluss auf die Entwicklung der Antriebssysteme im Individualverkehr nehmen. Die öffentliche Förderung für die Entwicklung der Brennstoffzelle stand bisher nicht im Zentrum der staatlichen Subventionierung der Forschung; im wesentlichen ging es dabei um einige Grundlagenprojekte. Die verschiedenen Körperschaften sind darüber hinaus auch keineswegs einig in der Frage, wie stark das staatliche Engagement in dieser Hinsicht und mit den Mitteln der Forschungsförderung sein soll.

Im Hinblick auf umweltpolitische Regulierungen gilt generell, dass der Staat eher schlecht beraten ist, wenn er bestimmte Technologien vorschreibt: hier kann er in Sackgassen geraten, weil er sich mit der Entscheidung über bestimmte Techniken ein Wissen anmaßt, das er generell nicht haben kann. Sinnvoller ist es hier, umweltpolitische (Qualitäts-)Ziele und dazu passende (marktwirtschaftliche) Instrumente festzulegen und zu implementieren. Dabei bleiben die technologischen Optionen sehr viel offener und leichter revidierbar. Umweltpolitische Auflagen liegen sozusagen zwischen der Festschreibung bestimmter Technologien und dem Einsatz von Umweltzielen in Verbindung mit marktwirtschaftlichen Instrumenten. Auflagen müssen meist unweigerlich von einer bestimmten Technologie ausgehen und neigen dazu, diese festzuschreiben bzw. – wenn aus naturwissenschaftlichen Gründen eine Auflage mit einer bestimmten Technik nicht mehr erfüllt werden kann – eine neue Technik vorzuschreiben, was wiederum zu dem o.g. Problem ungenügender Informationen auf staatlicher Seite führt.

In der Verkehrspolitik kommt allerdings noch hinzu, dass der Staat auch und vor allem durch seine Infrastukturentscheidungen einen entscheidenden Beitrag zur Förderung oder Behinderung bestimmter Technologien leistet. Dies ist nicht anders bei der Brennstoffzelle, deren Verbreitung ganz entscheidend davon abhängen wird, ob der Staat die erforderliche Infrastruktur bereitstellen will. Hier schließt sich der Kreis zum Streben nach Systemführerschaft bei einzelnen Unternehmen der Automobilindustrie: Haben diese erst einmal die erforderlichen Investitionen getätigt, um die neue Technik in großen Stückzahlen auf den Markt zu bringen, wird ziemlich sicher Druck auf die politischen Instanzen ausgeübt werden, um die entsprechende Infrastruktur bereitzustellen, gerade dann, wenn damit zusätzliche Arbeitsplätze entstehen können. Kann dies verbunden werden mit umweltpolitischen Argumenten und – im Falle hoher Verkaufszahlen – niedrigeren Stückkosten pro Fahrzeug, so wird sich die Politik solchen wirtschaftlichen Überlegungen kaum entziehen können.

Konsequenzen für die zukünftige Debatte

Die öffentliche Debatte wird um folgende Frage kreisen:

Ist eine „konzertierte Aktion“ von Politik, Automobilherstellern und Energieunternehmen zugunsten dieser neuen Technologie erforderlich und der Zeitpunkt dafür gekommen? *Dafür* spricht, dass Erdöl zwar nicht absehbar, aber doch prinzipiell eine wertvolle endliche Ressource ist und insofern eine Substitution von Erdöl durch Wasserstoff „irgendwann“ sowieso erforderlich sein wird. Je früher also eine Substitution in Angriff genommen wird, desto länger lässt sich prinzipiell die Verfügbarkeit von Erdöl strecken. *Dagegen* spricht, dass heute noch nicht gesichert ist, dass die Gesamtenergiebilanz für den Einsatz von Wasserstoff als Energieträger im Automobil positiv gegenüber Kraftstoffen auf Erdölbasis ist. Es wird die Aufgabe der Energieunternehmen sein, für die Bereitstellung von Wasserstoff energieeffiziente Verfahren anzubieten. Allerdings werden sich die Energieunternehmen bei ihren Forschungs- und Investitionsentscheidungen wohl nicht allein auf die Absatzchancen im Verkehrsbereich stützen können. Damit ist es auf absehbare Zeit wahrscheinlicher, dass zunächst Methanol als Energieträger infrage kommt.

Die Frage lässt sich zum gegenwärtigen Zeitpunkt noch nicht abschließend beantworten. Hauptgrund dafür sind die differierenden Beurteilungen der Brennstoffzelle in ökonomischer, vor allem aber in ökologischer Hinsicht. Es ist deshalb unbedingt erforderlich, durch weitere Analysen zu einer größeren Einheitlichheit im Urteil über die Sinnhaftigkeit der Brennstoffzelle zu gelangen. Dies sollte möglichst gleichzeitig zu den bestehenden Forschungen der Automobilindustrie geschehen, um rechtzeitig genügend Informationen zur Verfügung zu haben, wenn es darum gehen sollte, durch weitere politische Weichenstellungen dieser neuen Technologie zum Durchbruch zu verhelfen. Bis diese neuen Informationen vorliegen, ist die Politik gut beraten, keine vorschnellen Entscheidungen zu treffen, die die eine oder andere Option präferieren. Vielmehr sollte sie durch umweltpolitische Entscheidungen die notwendigen längerfristigen ökologischen Leitplanken setzen, entlang derer sich die verschiedenen Technologien entsprechend ihrer Eignung entwickeln können. Innerhalb dieser Leitplanken könnte den Verbänden (sowohl Umweltverbänden als auch Verbänden der Automobilindustrie) die Rolle zufallen, Standards im Sinne von „best practice" zu entwickeln, die für die notwendigen Informationsflüsse und damit eine schnellere Verbreitung technischer Entwicklungen sorgen.

Unabhängig von den Entscheidungen der Politik und der Energieunternehmen ist unter den Automobilherstellern im Verbund mit Zulieferern ein Wettbewerb um die Technologieführerschaft entstanden. Das ist in jedem Fall zu begrüßen. Es scheint auch, dass derzeit der Wille, den Antrieb zur Serienreife zu bringen, eine höhere Dynamik hat, als bei der Entwicklung batteriegetriebener Elektrofahrzeuge und anderer alternativer Antriebe. Insofern spricht einiges dafür, dass der Technologiewettbewerb im Bereich Verbrauchs- und Emissionsreduktion aufgrund der Durchbrüche bei der Brennstoffzelle insgesamt einen deutlichen Schub bekommen hat. Dies wird die Anstrengungen bei den konventionellen Antrieben eher beflügeln als lähmen.

Anhang:

Teilnehmer der Tagung „Die Zukunft des Verbrennungsmotors – Brennstoffzelle als Alternative?" am 16. März 1999 in Frankfurt/Main

Referenten

Klaus Behrmann, Hamburger Hochbahn AG, Hamburg

Burkhard Eberwein, Berliner Verkehrsbetriebe, Berlin

Johannes Ebner, Daimler Chrysler AG, Kirchheim/Teck-Nabern

Dieter Klaus Franke, ADAC e.V., München

Axel Friedrich, Umweltbundesamt, Berlin

Martin Geier, BMW AG, München

Günter Hubmann, Greenpeace e.V., Hamburg

Axel König, Volkswagen AG, Wolfsburg

Andreas Ostendorf, Ford Werke AG, Köln

Rudolf Petersen, Wuppertal Institut für Klima, Umwelt und Energie, Wuppertal

Werner Reh, BUND AK Verkehr, Haan

Günter Schmirler, Adam Opel AG, Rüsselsheim

Weitere Teilnehmer

Paschen von Flotow, Institut für Ökologie und Unternehmensführung e.V., Oestrich-Winkel

Joachim Große, Siemens AG, Erlangen

Harald Großmann, Preusse Bauholding GmbH & Co. KG, Hamburg

Andreas Häbich, Robert Bosch GmbH, Stuttgart

Peter Holm, Dr. Joachim und Hanna Schmidt-Stiftung für Umwelt und Verkehr, Hannover

Ulrich Höpfner, ifeu-Institut, Heidelberg

Andreas Kroemer, Adam Opel AG, Rüsselsheim

Herbert Löffelholz, Bundesministerium für Verkehr, Bau- und Wohnungswesen, Bonn

Gerd Lottsiepen, Verkehrsclub Deutschland VCD, Bonn

Georg Menzen, Bundesministerium für Wirtschaft und Technologie, Bonn

Matthias Moritz, Adtranz, Nürnberg

Marcus Nurdin, World Fuel Cell Council, Frankfurt

Jürgen Pöhler, Adtranz, Kassel

Michael Schemmer, Adtranz, Frankfurt

Claus-Dieter Schmidt-Luprian, Dr. Joachim und Hanna Schmidt-Stiftung für Umwelt und Verkehr, München

Dieter Schüler, Dr. Joachim und Hanna Schmidt-Stiftung für Umwelt und Verkehr, Ilsede

Bettina Schwarzhaupt, Institut für Ökologie und Unternehmensführung e.V., Oestrich-Winkel

Jörg Sparmann, Hess. Landesamt für Straßen- und Verkehrswesen, Wiesbaden

Ulrich Steger, Institut für Ökologie und Unternehmensführung e.V., Oestrich-Winkel

Alexander Szlovak, Dr. J. Schmidt AG & Co., Hamburg

Andor Szlovak, Dr. Joachim und Hanna Schmidt-Stiftung für Umwelt und Verkehr, Hamburg

Reinhold Wurster, Ludwig Bölkow Systemtechnik, München

Marco Prehn / Birgit Schwedt / Prof. Dr. Ulrich Steger

Verkehrsvermeidung – aber wie?

Eine Analyse theoretischer Ansätze und praktischer Ausgestaltungen auf dem Weg zu einer wirtschafts- und umweltverträglicheren Verkehrsentwicklung

«Umwelt und Verkehr» Band 1
XVIII + 212 Seiten, 5 Abbildungen, 13 Tabellen,
kartoniert, Fr. 37.50 / DM 42.– / öS 307.–
ISBN 3-258-05663-3

Während seit den siebziger Jahren eine Entkopplung von Wirtschaftsentwicklung und Energieverbrauch in den Industrieländern zu beobachten ist, lassen sich ähnliche Tendenzen beim Verkehr nicht feststellen. Auch geht keine Prognose davon aus, dass dies in absehbarer Zeit der Fall sein wird. Die verkehrsverursachenden Faktoren – von der Integration des europäischen Binnenmarktes und Osteuropas bis hin zur Vergrösserung des Wohnflächenbedarfes pro Person und erhöhten Pendeldistanzen – sind nach wie vor ungebrochen. Dabei stösst das Verkehrswachstum zunehmend an die Kapazitätsgrenzen der Infrastruktur, die aus ökonomischen, städtebaulichen und ökologischen Gründen nicht parallel ausgebaut werden kann (und soll).

Neben einer Effizienzsteigerung in der Nutzung der Verkehrsinfrastruktur wird daher auch zunehmend die «Verkehrsvermeidung» diskutiert. Jenseits von zum Teil heftigen ideologischen Kontroversen wurde in den letzten Jahren eine Reihe praktischer Ansätze zur Verkehrsreduzierung entwickelt. Dazu zählen etwa die Versuche, mit Hilfe der Tele-Heimarbeit den Berufsverkehr zu reduzieren sowie städteplanerische Verdichtungen, damit Versorgungsfunktionen wieder zu Fuss erreichbar werden oder die Stärkung regionaler Wirtschaftsverflechtungen, um grossräumige Transporte zu vermindern.

Das Buch dokumentiert die konzeptionell diskutierten wie realisierten Ansätze zur Verkehrsvermeidung bzw. -reduzierung in einer systematischen Weise und bereitet sie für die verkehrspolitische Diskussion auf. Insgesamt ist damit die Hoffnung verbunden, dass die verkehrspolitische Diskussion durch diese – auch ausländische Modelle und Erfahrungen umfassende – Bestandsaufnahme bereichert und versachlicht wird.

Verlag Paul Haupt Bern · Stuttgart · Wien

Clemens Riedl / Birgit Schwedt / Prof. Dr. Ulrich Steger / Petra Tiebler

Mobilität statt Ökologie?

Workshopberichte über konsensfähige Wege zur Lösung des Dilemmas

«Umwelt und Verkehr» Band 2
217 Seiten, 7 Abbildungen, 2 Tabellen,
kartoniert, Fr. 37.50 / DM 42.– / öS 307.–
ISBN 3-258-05701-X

Warum der Güter- wie Personenverkehr ein Konfliktthema nicht nur in Deutschland bleiben wird? Verkehrswachstum einerseits, ökologische, finanzielle und politische Akzeptanzrestriktionen andererseits werden dafür sorgen, dass diese Themen nicht von der Tagesordnung verschwinden. Es mangelt auch nicht an guten, kreativen Ideen zur Verminderung des Konfliktpotentials - wohl aber offensichtlich an ihrer Umsetzung. Auch lässt sich beobachten, dass die verkehrspolitische Diskussion sehr häufig nur innerhalb der jeweiligen Gruppierungen stattfindet: Umweltschützer reden nicht mit Spediteuren, Verkehrsingenieure nicht mit Raumplanern usw. Es wird viel übereinander geredet, aber zu wenig miteinander. Wenn es dann zu Konflikten kommt, entsteht Unverständnis und Misstrauen über die Absichten, Interessenlagen und Argumente der jeweils anderen Seite.

Dies war Anlass für die Dr. Joachim und Hanna Schmidt Stiftung für Umwelt und Verkehr, Vertreter aller Interessengruppen, Unternehmen und öffentlicher Institutionen zusammenzuführen, die sich mit Verkehrsfragen beschäftigen. In lockerer Atmosphäre wurden in den beiden Workshops, die im April bzw. Juni 1996 jeweils über anderthalb Tage stattfanden, nicht nur über die (verschiedenen) Problemanalysen diskutiert. Vielmehr galt es herauszufinden, wo ein (breiter) Konsens zwischen den verschiedensten Beteiligten besteht.

Das Buch dokumentiert die Diskussionen beider Veranstaltungen und druckt die dort gehaltenen Vorträge der sechs Referenten, die die Verkehrsproblematik aus sehr unterschiedlichen Blickwinkeln betrachten, ab. Dabei hat sich gezeigt, dass z.T. sogar weitreichende Übereinstimmungen der verschiedenen Akteure bestehen. Mit der Veröffentlichung ist die Hoffnung verbunden, dass die verkehrspolitische Diskussion sich etwas von der problemlösungsorientierten Atmosphäre und der zielführenden Diskussion über umsetzbare Ideen anstecken lässt.

Verlag Paul Haupt Bern · Stuttgart · Wien